城市树木栽植与管护技术丛书

U0664393

城市树木
管护技术

主　编：刘　勇　杜建军
副主编：王彩云　祝　燕　刘　艳　张　通

中国林业出版社

图书在版编目(CIP)数据

城市树木管护技术 / 刘勇，杜建军主编 . —北京：中国林业出版社，2017.9

（城市树木栽植与管护技术丛书）

ISBN 978-7-5038-9229-5

Ⅰ.①城…　Ⅱ.①刘…②杜…　Ⅲ.①城市林–林业管理　Ⅳ.①S731.2

中国版本图书馆 CIP 数据核字(2017)第 189344 号

中国林业出版社·生态保护出版中心

策划编辑：刘家玲

责任编辑：曾琬淋　刘家玲

出版	中国林业出版社（100009　北京市西城区德内大街刘海胡同 7 号）
	http：//lycb. forestry. gov. cn　电话：(010) 83143576　83143519
发行	中国林业出版社
印刷	北京中科印刷有限公司
版次	2017 年 9 月第 1 版
印次	2017 年 9 月第 1 次
开本	880mm×1230mm　1/32
印张	6.5
彩插	16P
字数	200 千字
定价	25.00 元

《城市树木管护技术》编辑委员会

主　编：刘　勇　　杜建军

副主编：王彩云　　祝　燕　　刘　艳　　张　通

编委（按姓氏笔画排序）：

王彩云　　王巍伟　　刘　勇　　刘　艳

刘佳嘉　　杜建军　　李国雷　　张　通

祝　燕

序

  树木是城市绿化的重要植物材料，在城市绿化、美化和营建适宜人居环境方面发挥着重要作用。树木不同品种的优良特性只有在与之配套的栽植与管护技术措施下才能得到最大限度发挥，即"良种良法"。为此，"北京园林绿化增彩延绿科技创新工程"将树木栽植与管护技术作为一项重要内容开展相关研究，以便促进栽植与管护技术的提升。本系列丛书《城市树木栽植技术》《城市树木整形修剪技术》和《城市树木管护技术》就是该工程的一个小成果。

  本系列丛书以普通读者为对象，从栽植、整形修剪、管护三个方面介绍了城市树木培育过程中的相关技术，并选取城市绿化中常用的150个树种作为具体技术案例，其中针叶树26个，阔叶树55个，灌木和藤本69个。本系列丛书的一个亮点是将一般栽培技术和具体树种的特点有机结合进行具体分析，便于读者有针对性地理解和掌握相关技术。希望本系列丛书的出版对促进城市树木栽培技术的提高起到积极作用。

王小平

北京市园林绿化局副局长

前　言

据统计，目前我国城镇人口已达 7 亿多人，而且城市化进程还在不断推进，大多数人生活在城市已是现实。为此，如何营造宜居的城市环境已成为大众关心的重要问题。树木在改善城市生态环境、提高人们生活品质方面发挥着不可替代的作用，而这些作用只有在科学合理的栽植与管护技术下才能充分发挥。在"北京园林绿化增彩延绿科技创新工程"资助下，我们编辑出版了城市树木栽植与管护技术系列丛书：《城市树木栽植技术》《城市树木整形修剪技术》和《城市树木管护技术》，希望对提高城市树木栽植与管护技术水平有所帮助。

《城市树木管护技术》是该系列丛书的第三本，书的第一至第七章从城市树木的土壤管理、养分管理、水分管理、古树管护、病虫害和灾害防治等方面阐述了城市树木管护的相关技术；第八章则以 150 种常见树种为例，说明了管护技术在树种上的具体应用。该书由北京市园林绿化局、北京林业大学、中国林业科学研究院和北京农学院等单位的多位专家共同完成，其中刘勇和杜建军负责全书统稿，各章的编写分工如下：刘勇、王巍伟第一章，王彩云第二章和第三章，祝燕第四章和第五章，刘艳第六章和第七章，李国雷、张通、刘佳嘉、王彩云、祝燕和刘艳第八章，刘勇彩图摄影。

由于编者的业务水平和能力有限，书中难免存在错漏之处，欢迎读者批评指正。

编　者

2017 年 7 月 10 日

目　录

序

前　言

第一章　城市树木的土壤管理　/001

　　一、树木生长对土壤的要求　/001

　　二、土壤管理　/004

第二章　城市树木的养分管理　/015

　　一、树木生长对营养元素的需求　/015

　　二、树木的缺素诊断　/020

　　三、城市树木施肥技术　/021

第三章　城市树木的水分管理　/034

　　一、树木生长对水分的需求　/034

　　二、城市树木灌水　/039

　　三、城市树木排水　/046

第四章　城市树木灾害防治　/047

　　一、自然灾害防治　/047

　　二、人为灾害防治　/059

　　三、树体的保护与修复　/067

第五章　城市树木病害防治　/070

一、城市树木病害的类型、特点和防治原则　/070

二、城市树木病害防治技术　/073

三、常见叶部病害的防治方法　/078

四、常见枝干病害的防治方法　/083

五、常见根部病害的防治方法　/087

第六章　城市树木虫害防治　/092

一、城市树木虫害的特点和防治原则　/092

二、城市树木虫害防治技术　/095

三、常见地下虫害的防治方法　/099

四、常见食叶虫害的防治方法　/104

五、常见蛀干虫害的防治方法　/114

六、常见枝梢虫害的防治方法　/118

第七章　城市古树名木管护　/124

一、保护城市古树名木的意义　/124

二、城市古树名木的生长特点　/128

三、城市古树名木的复壮及养护　/131

第八章　城市树木管护技术各论　/136

一、针叶树管护技术　/136

1. 南洋杉　/136

2. 侧柏　/136

3. 圆柏　/137

4. 龙柏　/137

5. 辽东冷杉　/137

6. 雪松　/138

7. 华北落叶松　/138

8. 云杉　/138

9. 白杆　/138

10. 青杆　/139

11. 华山松　/139

12. 白皮松　/139

13. 赤松　/139

14. 红松　/140

15. 油松　/140

16. 火炬松　/140

17. 黑松　/141

18. 北美乔松　/141

19. 金钱松　/141

20. 罗汉松　/141

21. 东北红豆杉　/142

22. 矮紫杉　/142

23. 粗榧　/142

24. 杉木　/143

25. 水杉　/143

26. 池杉　/143

二、阔叶树管护技术　/144

1. 五角枫　/144

2. 黄栌　/144

3. 火炬树　/145

4. 棕榈　/145

5. 梓树　/145

6. 木棉　/146

7. 紫荆　/146

8. 皂荚　/146

9. 苏铁　/147

10. 柿树　/147

11. 杜仲　/147

12. 丝绵木　/148

13. 大叶黄杨　/148

14. 刺槐　/148

15. 槐　/149

16. 龙爪槐　/149

17. 银杏　/150

18. 七叶树　/150

19. 胡桃　/150

20. 枫杨　/151

21. 香樟　/151

22. 楠木　/151

23. 鹅掌楸　/152

24. 玉兰　/152

25. 广玉兰　/152

26. 紫玉兰　/152

27. 苦楝　/153

28. 香椿　/153

29. 合欢　/153

30. 构树　/154

31. 榕树　/154

32. 桑树　/155

33. 白蜡　/155

34. 女贞　/155

35. 二球悬铃木　/155

36. 一球悬铃木　/156

37. 三球悬铃木　/156

38. 梅　/156

39. 樱花　/156

40. 东京樱花　/157

41. 西府海棠　/157

42. 海棠　/157

43. 紫叶李　/158

44. 加拿大杨　/158

45. 钻天杨　/158

46. 毛白杨　/159

47. 垂柳　/159

48. 旱柳　/159

49. 馒头柳　/160

50. 栾树　/160

51. 荔枝　/160

52. 泡桐　/161

53. 臭椿　/161

54. 青檀　/161

55. 白榆　/162

三、灌木与藤本管护技术　/162

1. 夹竹桃　/162

2. 鸡蛋花　/162

3. 枸骨　/163

4. 常春藤　/163

5. 紫叶小檗　/164

6. 南天竹　/164

7. 凌霄　/164

8. 炮仗花　/165

9. 黄杨　/165

10. 蜡梅　/165

11. 糯米条　/166

12. 猬实　/166

13. 金银花　/166

14. 金银木　/167

15. 锦带花　/167

16. 四照花　/168

17. 红瑞木　/168

18. 迎红杜鹃　/169

19. 扶芳藤　/169

20. 紫藤　/170

21. 太平花　/171

22. 海州常山　/171

23. 龙牙花　/171

24. 紫薇　/172

25. 含笑　/172

26. 木芙蓉　/173

27. 扶桑　/173

28. 木槿　/173

29. 米仔兰　/174

30. 叶子花　/174

31. 连翘　/175

32. 迎春花　/175

33. 茉莉花　/176

34. 小叶女贞　/176

35. 桂花　/176

36. 暴马丁香　/177

37. 紫丁香　/177

38. 牡丹　/178

39. 海桐　/179

40. 紫竹　/179

41. 石榴　/180

42. 山桃　/180

43. 榆叶梅　/180

44. 杏　/181

45. 毛樱桃　/181

46. 木瓜　/182

47. 贴梗海棠(皱皮木瓜)　/182

48. 平枝枸子　/183

49. 水枸子　/183

50. 山楂　/184

51. 棣棠　/184

52. 火棘　/185

53. 月季　/185

54. 多花蔷薇　/185

55. 玫瑰　/186

56. 黄刺玫　/186

57. 珍珠梅　/186

58. 珍珠绣线菊　/187

59. 栀子花　/187

60. 大花栀子　/188

61. 枸橘　/188

62. 接骨木　/188

63. 文冠果　/189

64. 枸杞　/189

65. 山茶　/190

66. 木绣球　/190

67. 天目琼花　/190

68. 美国地锦　/191

69. 地锦　/191

参考文献　/192

第一章
城市树木的土壤管理

　　土壤是城市树木生长的基础，它不仅支持、固定树木，而且还是城市树木生长发育所需生活条件的主要供给地。城市树木土壤管理的任务就在于，通过多种综合措施来提高土壤肥力，改善土壤结构和理化性质，保证城市树木健康生长所需养分、水分、空气的不断有效供给。同时，结合城市园林工程的地质地貌改造利用，土壤管理也有利于增强城市园林景观的艺术效果，并能防止和减少水土流失与尘土飞扬的发生。因此，了解城市土壤特性，可为城市园林绿化的规划和管理、城市环境保护和治理提供理论依据和科学指导。

一、树木生长对土壤的要求

　　树木生长对土壤是有选择的，在生产实践中，要做到适地适树。例如，耐盐碱的树木种在含盐分较高的土壤上，而喜酸性的树木则应该种植在酸性土壤上，干旱地区应选择耐干旱的树种。

1. 土壤的理化性质、水分、厚度和风化程度

　　树木喜欢保水、保肥和通气良好的土壤，黏性土壤保水、保肥能力好，但通气排水能力差；而沙性土壤刚好相反，通气排水效果好，保水、保肥能力差。不论土壤种类如何，其有机质含量直接影响土壤

水肥保持以及物理性质的优劣，因此对土壤施有机肥很重要。

土壤排水的好坏对树木生长有直接的影响，水分过多或积水会引起烂根，因此树木生长地的下层土壤应保持排水良好，不能积水；地下水位过高会造成土层薄、湿度大、通透性差，使树木生长不良。同时，树木生长对土层厚度也有一定要求，通常小灌木、大灌木、浅根性乔木、深根性乔木等要求土层厚度分别为45厘米、60厘米、90厘米和150厘米。此外，树木栽植地的土壤要求充分风化和沉降，如果风化不充分则致使孔隙度低，通气不畅，微生物活动较弱，进而降低土壤肥力，造成树木生长不良。

2. 城市树木生长地的土壤条件

城市树木生长地的土壤条件十分复杂。据调查，城市树木生长地土壤大致可分为以下几种。

（1）平原和山地

平原地区土壤肥沃，最适合城市树木的生长，但这种条件并不多。相比之下，山地为树木生长提供了较大空间，然而山地土壤尚未深翻熟化，风化程度较低，肥力低。

（2）城市建筑垃圾、煤灰土和污水污染地

建筑垃圾是指建设、施工单位或个人对各类建筑物、构筑物、管网等进行建设、铺设或拆除、修缮过程中所产生的渣土、弃土、弃料、余泥、瓦砾、木屑及其他废弃物。少量的瓦砾、石块等存留可以增加土壤的孔隙度，木屑等被分解后可以增大土壤的腐殖质含量，进而增加土壤肥力。而水泥、渣土等有害于树木的生长，必须清除换土后才能满足树木的生长。

煤灰土是人们生活及活动残留的废弃物，煤灰、菜叶等对树木生长有利无害。煤灰土可以作为盐碱地客土栽培的隔离层。同时，大量的生活垃圾经过腐熟处理后可用于城市绿化。

生产和人们生活排出的废水，多数对树木生长不利，应将其处理。可设置排污水的管道或经过污水处理厂处理。工厂排出的废水里面含有害成分，污染土地，致使树木不能生长，此类情况，只能用良好的

土壤替换以后才能栽植树木。

（3）市政工程场地

城市市政工程有很多，如地铁、人防工程、广场等，土壤多经过人为的翻动或填方、挖方而成，致使未熟化的心土被翻到表层，使土壤肥力降低。而且机械施工碾压土地，会造成土壤坚硬，通气不良。

（4）人工土层

人工土层就是人工修造的、代替天然地基的构筑物，这个概念是针对城市建筑过密现象而解决土地利用问题的一种方法。如建筑的屋顶花园、地下停车场、地下铁道、地下贮水槽等上面的栽植，都可以把建筑物视为人工土层的载体。人工土层没有地下毛细管水的供应，同时土层的厚度受到限制，有效的土壤水分容量也小，如果没有雨水或人工浇水，则土壤干燥，不利于植物生长。

天然土地因为热容量大，所以地温变化受气温变化影响小，土层越深，变化幅度越小，达到一定深度后，地温就几乎恒定不变。人工土层则有所不同，因为土层很薄，受到外界气温的变化和从下部结构传来的热变化两种影响，土壤温度变化幅度较大。所以天然土地上面的树木根系能够从地表向下生长到一定深度，而不直接受到气温变化的影响，从这一点来看，人工土层的栽植环境是不够理想的。

人工土层的土壤容易干燥，温度变化大，土壤微生物活动易受影响，腐殖质的形成速度缓慢，因此人工土层的土壤选择很重要，特别是屋顶花园，要选择保水和保肥能力强的土壤，同时应施用腐熟的肥料。如果保水、保肥能力不强，灌水后水分易流失，其中的养分也随之流失。因此，如果不经常补充肥料，土壤就会逐渐贫瘠，不利于植物生长。为减轻建筑的负荷，减少经济开支，采用的土壤要轻，因此需要混合各种多孔性轻型材料，如蛭石、珍珠岩、煤灰渣、泥炭等。选用的植物材料体量要小，重量要轻。

（5）水边低湿地和海边盐碱地

水边低湿地大多处于地势较低洼地区，是由于蒸发量小于降水量造成的。一般土壤紧实，水分多，通气不良。在水边应该种植耐水湿的树种。

盐碱地是盐类集积的一类土地，土壤中所含的盐分影响到作物的正常生长。我国碱土和碱化土壤的形成，大部分与土壤中碳酸盐的累积有关，因而碱化度普遍较高，严重的盐碱土壤地区植物几乎不能生存。沿海地区土壤受筑土的来源和海潮、海风的影响，形成的土壤较为复杂。如果是沙质土壤，盐分被雨水溶解后能够迅速排出；如果是黏性土壤，因透水性小，便会长期残留盐分，不利于树木的生长，应设法排洗盐分。同时，应选择耐盐碱、耐海潮的树种栽植。

（6）酸性红壤

在我国长江以南地区常常遇到红壤。红壤呈酸性，土粒细，土壤结构不良，水分过多时，土粒吸水成糊状；干旱时水分容易蒸发散失，土块易变成紧实坚硬，又常缺乏氮、磷、钾等元素。许多植物不能适应这种土壤，因此需要改良。例如，增施有机肥、磷肥、石灰，扩大种植面，并将种植面连通开挖排水沟或在种植面下层设排水层等。

除上述以外，城市绿地的土壤还有可能是重黏土、沙砾土等，因此在种植前应施有机肥进行改良。

二、土壤管理

土壤管理包括土壤改良、中耕除草、地面覆盖和栽植地被植物等工作。土壤改良是针对土壤的不良质地和结构，采取相应的物理、生物或化学措施，改善土壤性状，提高土壤肥力，促进树木生长，以及改善人类生存土壤环境的过程。

1. 城市土壤的特点

（1）城市土壤结构凌乱

城市土壤土层变异性大，土层排列凌乱，许多土层之间没有发生学上的联系。腐殖质层被剥离或者被埋藏，其他土层破碎且没有统一规律，土层深浅变异较大。此外，城市生产和生活中常产生一些废弃物，如建筑和家庭废弃物、碎砖块、沥青碎块、混凝土块等，把这些废弃物填满在一定深度的土壤中，和自然土壤发生层的土壤碎块混合在一起，改变了土层次序和土壤组成，也影响了土壤的渗透性和生物化学功能。

（2）城市土壤紧实度大，通透性差

紧实度大是城市土壤的重要特征。城市中由于人口密度大、人流量大、人踩车压，以及各种机械的频繁使用，土壤密度逐渐增大，特别是公园、道路等人为活动频繁的区域，土壤容重很高，土壤的孔隙度很低，在一些紧实的心土或底土层中，孔隙度可降至 20%～30%，有的甚至小于 10%。

此外，土壤紧实度大还会对溶质移动过程和生物活动等产生影响，从而对城市的环境产生显著的影响。城市土壤容重大、硬度高、透气性差，在这样的土壤中根系生长严重受阻，根系发育不良甚至死亡，使城市植物地上部分得不到足够的水分和养分，长期这样下去，必然导致树木长势变弱甚至枯死。

城市地面硬化造成城市土壤与外界水分、气体的交换受到阻碍，使土壤的通透性下降，大大减少了水分的积蓄，造成土壤中有机质分解减慢，加剧土壤的贫瘠化；根系处于透气、营养及水分极差的环境中，严重影响了植物根系的生长，园林植物生长衰弱，抗逆性降低，甚至有可能导致其死亡。

（3）城市土壤 pH 值偏高

城市土壤向碱性的方向演变，pH 值比城市周围的自然土壤高，土壤多呈中性到弱碱性，弱碱性土不仅降低了土壤中铁、磷等元素的有效性，而且也抑制了土壤中微生物的活动及其对其他养分的分解，进而影响城市树木的生长。

（4）高盐基饱和度和次生盐渍化

盐基饱和度是指土壤吸附交换性盐基总量的程度。高盐基饱和度是大多数城市土壤的典型特征。城市土壤交换性盐基组成以交换性 Ca^{2+}、Mg^{2+} 为主，位于道路旁的草坪土壤以交换性 Na^+ 和 K^+ 为主，其中交换性 Na^+ 可占交换性盐基总量的 5%～10%。

此外，城市土壤还面临着次生盐渍化的问题，城市土壤盐分的积累会造成土壤水势低于根系水势，阻碍根系从土壤中吸收水分，对树木生长造成威胁。

（5）城市土壤固体入侵物多，有机质含量低，矿质元素缺乏

由于城市土壤很多是建筑垃圾土，建筑土壤中含有大量建筑后留下的砖瓦块、砂石、煤屑、碎木、灰渣和灰槽等建筑垃圾，常常会使植物的根无法穿越而限制其分布的深度和广度。

在市政工程施工中，将未熟化的心土翻到表层，土壤缺少有机质，而由于城市清洁活动，城市树木的枯枝落叶又被及时清理，致使土壤矿质元素缺乏，土壤肥力下降。

（6）城市土壤生物多样性水平低

城市化的发展使得原有自然生境消失，取而代之的是沥青、混凝土地面和建筑物等人工景观。城市土壤表面的硬化、生物栖息地的孤立、人为干扰与土壤污染的加重等，造成城市土壤生物群落结构单一，多样性水平降低，生物的种类、数量远比农业土壤、自然土壤少，且有危害人体健康的病原生物的侵染。

（7）城市土壤污染严重

工业废气、废液、废渣以及生活污水、垃圾等的排放，导致土壤酸化、盐碱化，直接影响土壤的组分和性质。固体废弃物大都含有重金属，甚至含有放射性物质，这些物质经过长期暴露，被雨水冲洗和淋溶后溶入水中，通过地表径流进入水体从而对土壤造成污染，长此以往将导致城市土壤污染日益严重。

2. 城市土壤改良的方法

大多数城市绿地土壤板结、黏重，物理性能较差，水、气矛盾突出，土壤性质恶化严重，对城市树木生长的影响很大。合理的土壤耕作，可以改善土壤的水分和通气条件，促进微生物的活动，加快土壤的熟化进程，提高土壤肥力；同时，适时深耕也可以扩展树木根系生长的空间，满足树木随着树龄的增长对水、肥、气和热等需求的增加。

（1）土壤耕作改良

①深翻。深翻就是对城市树木根区范围内的土壤进行深度翻垦。

通过深耕增加土壤孔隙度，改善土壤理化性状，促进微生物活动，加速土壤熟化，使难溶性营养物质转化为可溶性养分，提高了土壤肥力，从而为树木根系向纵深伸展创造有利条件，增强树木的抵抗力，使树体健壮。

总体上讲，深翻包括城市树木栽植前的深翻与栽植后的深翻。前者是在栽植树木前，配合城市园林地形改造、杂物清除等工作，对栽植场地进行全面或局部的深翻，并暴晒土壤，打碎土块，施有机肥，为树木后期生长奠定基础；后者是在树木生长过程中的土壤深翻。

a. 深翻时间。实践证明，园林树木土壤一年四季均可深翻，但应根据各地的气候、土壤条件以及城市树木的类型适时深翻，才会收到良好效果。就一般情况而言，深翻主要在秋末和早春两个时期进行。秋末时，树木地上部分基本停止生长，养分开始回流，转入积累，同化产物的消耗减少，如结合施基肥，更有利于损伤根系的恢复生长，甚至还有可能刺激长出部分新根，对树木翌年的生长十分有益；同时，秋耕可松土保墒，因为秋耕有利于雪水的下渗，一般秋耕比未秋耕的土壤含水量要高 3%~7%。此外，秋耕后，经过大量灌水，使土壤下沉，根系与土壤进一步密接，有助根系生长。早春深翻应在土壤解冻后及时进行。此时，树木地上部分尚处于休眠状态，根系则刚开始活动，生长较为缓慢，伤根后容易愈合和再生。从土壤养分季节变化规律看，春季土壤解冻后，土壤水分开始向上移动，土质疏松，操作省工，但土壤蒸发量大，易导致树木干旱缺水，因此在多春旱、多风地区，春季翻耕后需及时灌水，或采取措施覆盖根系，耕后耙平、镇压，春翻的深度也较秋耕为浅。

b. 深翻次数。土壤深翻的效果能保持多年，因此没有必要每年都进行深翻。但深翻作用持续时间的长短与土壤特性有关。一般情况下，黏土、涝洼地深翻后容易恢复紧实，因而保持年限较短，可每 1~2 年深翻一次；而地下水位低、排水良好、疏松透气的沙壤土，保持时间较长，则可每 3~4 年深翻一次。理论上讲，深翻深度以稍深于城市树木主要根系垂直分布层为度，这样有利于引导根系向下生长，但具体的深翻深度与土壤结构、土质状况以及树种特性等有关。如山地土层薄，下部为半风化岩石，或土质黏重，浅层有砾石层和黏土夹层，地下水位较低的土壤以及深根性树种，深翻深度较深，可达 50~70 厘米；相反，则可适当浅些。

　　c. 深翻方式。城市树木土壤深翻方式主要有树盘深翻与行间深翻两种。树盘深翻是在树木树冠边缘，于地面的垂直投影线附近挖环状深翻沟，有利于树木根系向外扩展，适用于城市园林草坪中的孤植树和株间距大的树木；行间深翻则是在两排树木的行中间，沿着列向挖取长条形深翻沟，用一条深翻沟，达到了对两行树木同时深翻的目的，这种方式多适用于呈行列布置的树木，如风景林、防护林带、园林苗圃等。此外，还有全面深翻、隔行深翻等形式，应根据具体情况灵活运用。各种深翻均应结合进行施肥和灌溉。深翻后，最好将上层肥沃土壤与腐熟有机肥混拌，填入深翻沟的底部，以改良根系附近的土壤结构，为根系生长创造有利条件，而将心土放在上面，促使心土迅速熟化。

　　②客土、培土。客土实际上就是在栽植城市树木时，对栽植地实行局部换土。通常是在土壤完全不适宜城市树木生长的情况下需进行客土。当在岩石裸露区、人工爆破坑栽植，或土壤十分黏重、土壤过酸或过碱以及土壤已被工业废水、废弃物严重污染等情况下，这时就应在栽植地一定范围内全部或部分换入肥沃土壤。培土就是在园林树木生长过程中，根据需要，在树木生长地添加部分土壤基质，以增加土层厚度，保护根系，补充营养，改良土壤结构。

　　在我国南方高温多雨的山地区域，常采取培土措施。在这些地方，降雨量大，强度高，土壤淋洗流失严重，土层变得十分浅薄，树木的根系大量裸露，树木既缺水又缺肥，生长势差，甚至可能导致树木整株倒伏或死亡，这时就需要及时进行培土。培土工作要经常进行，并根据土质确定培土基质类型。土质黏重的应培含沙质较多的疏松肥土，甚至河沙，含沙质较多的可培塘泥、河泥等较黏重的肥土以及腐殖土。培土量视植株的大小、土源、成本等条件而定。但一次培土不宜太厚，以免影响树木根系生长。

　　③中耕通气。中耕不但可以切断土壤表层的毛细管，减少土壤水

分蒸发，防止土壤泛碱，改良土壤通气状况，促进土壤微生物活动，有利于难溶性养分的分解，提高土壤肥力；而且，通过中耕能尽快恢复土壤的疏松度，改进通气和水分状态，使土壤水、气的关系趋于协调，因而生产上有"地湿锄干，地干锄湿"之说。此外，早春进行中耕，还能明显提高土壤温度，使树木的根系尽快开始生长，并及早进入吸收功能状态，以满足地上部分对水分、营养的需求。中耕也是清除杂草的有效办法，减少杂草对水分、养分的竞争，使树木生长的地面环境更清洁美观，同时还能阻止病虫害的滋生蔓延。

（2）土壤化学改良

①施肥改良。土壤的施肥改良以有机肥为主。一方面，有机肥所含营养元素全面，除含有各种大量元素外，还含有微量元素和多种生理活性物质，包括激素、维生素、氨基酸、葡萄糖、DNA、RNA、酶等，能有效地供给树木生长需要的营养；另一方面，有机肥还能增加土壤的腐殖质，其有机胶体既可改良沙土，增加土壤的空隙度，又可改良黏土的结构，提高土壤保水、保肥能力，缓冲土壤的酸碱度，从而改善土壤的水、肥、气、热状况。

施肥改良常与土壤的深翻工作结合进行。一般在土壤深翻时，将有机肥和土壤以分层的方式填入深翻沟。生产上常用的有机肥料有厩肥、堆肥、禽肥、鱼肥、饼肥、人粪尿、土杂肥、绿肥以及城市中的垃圾等，这些有机肥均需经过腐熟发酵才可使用。

②土壤酸碱度调节。土壤的酸碱度主要影响土壤养分的转化与有效性、土壤微生物的活动和土壤的理化性质等，因此与园林树木的生长发育密切相关。通常情况下，当土壤 pH 值过低时，土壤中活性铁、铝增多，磷酸根易与它们结合形成不溶性的沉淀，造成磷素养分的无效化。同时，由于土壤吸附性氢离子多，黏粒矿物易被分解，盐基离子大部分遭受淋失，不利于良好土壤结构的形成。相反，当土壤 pH 值过高时，则发生明显的钙对磷酸的固定，使土粒分散，结构被破坏。

绝大多数园林树木适宜中性至微酸性的土壤。然而，我国许多城市的园林绿地酸性和碱性土面积较大。例如，据重庆市园林科研所的杨新敏调查，该市主要公园、苗圃、风景区 pH 值<6.5 的酸性土壤占

40%，pH 值 6.5~7.5 的中性土占 20%，pH 值>7.5 的碱性土占 40%。一般说来，我国南方城市的土壤 pH 值偏低，北方偏高，所以土壤酸碱度的调节是一项十分重要的土壤管理工作。

a. 土壤的酸化处理。土壤酸化是指对偏碱性的土壤进行必要的处理，使 pH 值有所降低，符合酸性园林树种生长需要。目前，土壤酸化主要通过施用释酸物质进行调节，如施用有机肥料、生理酸性肥料、硫黄等，通过这些物质在土壤中的转化，产生酸性物质，降低土壤的 pH 值。据试验，每 667 平方米施用 30 千克硫黄粉，可使土壤 pH 值从 8.0 降到 6.5 左右；硫黄粉的酸化效果较持久，但见效缓慢。对盆栽园林树木也可用 1：50 的硫酸铝钾或 1：180 的硫酸亚铁水溶液浇灌植株来降低盆栽土的 pH 值。

b. 土壤碱化处理。土壤碱化是指对偏酸的土壤进行必要的处理，使土壤 pH 值有所提高，符合一些碱性树种生长需要。土壤碱化的常用方法是向土壤中施加石灰、草木灰等碱性物质，但以石灰应用较普遍。调节土壤酸度的石灰是农业上用的"农业石灰"，即石灰石粉（碳酸钙粉）。使用时，石灰石粉越细越好，这样可增加土壤内的离子交换强度，以达到调节土壤 pH 值的目的。市面上石灰石粉有几十到几千目的细粉，目数越大，见效越快，价格也越贵，生产上一般用 300~450 目的较适宜。石灰石粉的施用量应根据土壤中阳离子交换量确定，其需要量的理论值可按如下公式计算：

石灰施用量理论值＝土壤体积×土壤容重×阳离子交换量×（1-盐基饱和度）

在实际应用过程中，这个理论值还应根据石灰的化学形态不同乘以一个相应的经验系数。石灰石粉的经验系数一般取 1.3~1.5。

（3）疏松剂改良

土壤疏松剂可大致分为有机、无机和高分子三种类型，它们的功能分别表现在：膨松土壤，提高置换容量，促进微生物活动；增多孔穴，协调保水与通气、透水性；使土壤粒子团粒化。

近年来，有不少国家已开始大量使用疏松剂来改良土壤结构和生物学活性，调节土壤酸碱度，提高土壤肥力，并有专门的疏松剂商品销售。如国外生产上广泛使用的聚丙烯酰胺，为人工合成的高分子化合物，使用时，先把干粉溶于80℃以上的热水，制成2%的母液，再稀释10倍浇灌至5厘米深土层中，通过其离子键、氢键的吸引，使土壤连接形成团粒结构，从而优化土壤水、肥、气、热条件，其效果可达3年以上。

（4）土壤生物改良

①植物改良。在城市土壤中，植物改良是指通过有计划地种植地被植物来达到改良土壤的目的。所谓地被植物，是指那些低矮的（通常高度在50厘米以内）、铺展能力强、能生长在城市园林绿地植物群落底层的一类植物。地被植物在园林绿地中的应用，一方面能增加土壤可给态养分与有机质含量，改善土壤结构，降低蒸发量，控制杂草丛生，减少水、土、肥流失与土温的日变幅，有利于城市树木根系生长；另一方面，地面有地被植物覆盖，可以增加绿化量，避免地表裸露，防止尘土飞扬，丰富城市园林景观。因此，地被植物覆盖地面，是一项行之有效的生物改良土壤措施，该项措施已在农业果园土壤管理中得到了广泛运用，效果显著。

②动物改良。在自然土壤中，常常有大量的节肢动物、原生动物、线虫、环虫、细菌、真菌、放线菌等生存，它们对土壤改良具有积极意义。例如，土壤中的蚯蚓，对土壤混合、团粒结构的形成及土壤通气状况的改善都有很大益处；又如，一些微生物，它们数量大，繁殖快，活动性强，能促进岩石风化和养分释放，加快动植物残体的分解，有助于土壤的形成和营养物质转化。所以，利用有益动物种类也不失为一种改良土壤的好办法。利用动物改良土壤，可以从以下两方面入手。一方面是加强土壤中现有有益动物种类的保护，对施肥、农药使用、土壤与水体污染等进行严格控制，为动物创造一个良好的生存环境；另一方面，推广使用根瘤菌、固氮菌、磷细菌、钾细菌等生物肥料，这些生物肥料含有多种微生物，它们生命活动的分泌物与代谢产物，既能直接给园林树木提供某些营养元素、激素类物质、各种酶等，刺激树木根系生长，又能改善土壤的理化性能。

（5）土壤污染防治

土壤污染是指土壤中积累的有毒或有害物质超过了土壤自净能力，从而对城市树木正常生长发育造成的伤害。土壤污染一方面直接影响园林树木的生长，如通常当土壤中砷、汞等重金属元素含量达到2.2~2.8毫克/千克土壤时，就有可能使许多城市树木的根系中毒，丧失吸收功能；另一方面，土壤污染还导致土壤结构破坏，肥力衰竭，引发地下水、地表水及大气等连锁污染。因此，土壤污染是一个不容忽视的环境问题。

①土壤污染种类。水质污染是由工业污水与生活污水排放、灌溉而引起的土壤污染。污水中含有大量的汞、镉、铜、锌、铬、铅、镍、砷、硒等有毒重金属元素，对树木根系造成直接毒害。固体废弃物污染包括工业废弃物、城市生活垃圾及污泥等。固体废弃物不仅占用大片土地，并随运输迁移不断扩大污染面，而且含有重金属及有毒化学物质。大气污染即工业废气、家庭燃气以及汽车尾气对土壤造成的污染。大气污染中最常见的是二氧化硫或氟化氢，它们分别以硫酸和氢氟酸随降水进入土壤，前者可形成酸雨，导致土壤不同程度的酸化，破坏土壤理化性质，后者则使土壤中可溶性氟含量增高，对树木造成毒害。另外，还包括石油污染、放射性物质污染、化肥和农药污染等。

②防治土壤污染的措施。严格控制污染源，禁止工业、生活污染物向城市园林绿地排放；加强污水灌溉区的监测与管理，各类污水必须净化后方可用于城市树木的灌溉；加大城市绿地中各类固体废弃物的清理力度，及时清除、运走有毒垃圾、污泥等。合理施用化肥和农药，执行科学的施肥制度，大力发展复合肥、可控释放等新型肥料，增施有机肥，提高土壤环境容量；在某些重金属污染的土壤中，加入石灰、膨润土、沸石等土壤改良剂，控制重金属元素的迁移与转化，降低土壤污染物的水溶性、扩散性和生物有效性；采用低量或超低量喷洒农药方法，使用药量少、药效高的农药，严格控制剧毒及有机磷、有机氯农药的使用范围；广泛选用吸毒、抗毒能力强的城市树种。工程措施还有隔离法、清洗法、热处理法以及近年来国外采用的电化法等。工程措施治理土壤污染效果彻底，是一种治本措施，但投资较大。

3. 中耕除草

中耕一般分为春耕（20~30厘米）、夏耕（20厘米）和秋耕（30~35厘米）。中耕不但可以切断土壤表层的毛细管，减少土壤蒸发，防止土壤泛碱，改良土壤通气状况，促进土壤微生物活动，还有利于难溶性养分的分解，提高土壤肥力；中耕松土的同时除去杂草，减少水分和养分竞争，同时为树木生长创造清洁的地面环境，减少病虫害。

人工清除杂草不仅费时费力，而且效率相对低。化学除草剂因具有省时、高效和选择性强等优点成为目前清除杂草的主要手段。每种除草剂都有相应的杀草谱和生理特性，应该针对杂草发生特点选择合适的除草剂，并合理选择施药时期。为了防止杂草产生抗药性，避免发生药害和环境污染，施用除草剂时应该注意：严格控制药量，不得随意加大或减少药量；不宜在高温、高湿或大风天气喷施，一般应选择气温在20~30℃的晴朗无风或微风天气喷施；原则上不能随意与化肥或者其他农药混合使用，以防止发生药害；混合施肥时要选择杀草谱不同并且彼此间不发生物理、化学反应的药剂。

4. 地面覆盖

利用有机物覆盖土壤表面，可以防止或减少水分蒸发，减少地面径流，增加土壤有机质，调节土壤温度，减少杂草生长，为树木生长创造良好的环境条件。

覆盖的材料以就地取材、经济适用为原则，如水草、谷草、豆秸、树叶、树皮、树屑、发酵后的马粪、泥炭等均可以应用。在大面积粗放管理的城市园林中，还可以将草坪修剪下来的草头随手堆于树盘附近，用以进行覆盖。一般对于幼龄的城市树木或疏林草地的树木，多仅在树盘下进行覆盖，覆盖厚度通常3~6厘米，过厚不利于树木生长。地面覆盖一般选择在生长季土温较高而且较干旱时进行。历年来杭州都进行树盘覆盖，实践证明，这样做树木的抗旱能力可比无地面覆盖延长20天左右。

5. 栽植地被植物

地被植物种类繁多，按植物学科可分为豆科植物和非豆科植物，按栽培年限长短，可分为1年生、2年生和多年生植物。在城市园林中，以改良土壤为主要目的，对地被植物要求是：适应性强，有一定的耐阴、耐践踏能力，根系有一定的固氮力，枯枝落叶易于腐熟分解，覆盖面大，繁殖容易。常见种类有五加、地瓜藤、胡枝子、金银花、常春藤、金丝桃、金丝梅、地锦、络石、扶芳藤、荆条、三叶草、马蹄金、萱草、麦冬、沿阶草、玉簪、百合、鸢尾、酢浆草、诸葛菜、虞美人、羽扇豆、草木犀、香豌豆等。此外，国外有人认为，在土壤结构差的粉沙、黏重土壤中种植禾本科地被植物改土效果尤其明显。在实践中，要正确处理好种间关系，应根据习性互补的原则选用物种，否则可能对城市树木的生长造成负面影响。一些多年生深根性地被植物，如紫花苜蓿等，消耗水分、养分较多，对城市树木影响较大，除注意肥、水管理外，不宜长期选种，当植株和根系生长量大时，可及时翻耕，达到培肥的目的，而且根系分泌物皂角苷对蔷薇科植物根系生长不利，需特别注意。

第二章
城市树木的养分管理

一、树木生长对营养元素的需求

为了维持正常的生命活动，植物不仅要从土壤中吸收水分，同时也从土壤中吸收各种矿质元素。植物生长发育过程所需养分绝大部分来自其自身地上部分的光合作用和根系从土壤溶液中吸收的矿质营养元素。从环境中不断吸收、同化、利用各种矿质营养元素是高等植物生长发育所必需的基本过程。植物吸收的这些元素，有的作为植物体的组成成分，有的参与调节生命活动，有的则兼有这两种功能。

1. 植物体内的元素

组成植物体的物质中，除大量水分外，还有干物质，而组成这些物质的化学元素，除碳、氢、氧来自空气和水外，其余都是根系从土壤中取得的。就不同植物、不同组织而言，植物组织中含水量范围一般在 $10\% \sim 95\%$。研究表明，在 $105℃$ 下将植物体烘干，即得到占植物鲜重 $5\% \sim 90\%$ 的干物质，这些干物质中包括有机物和无机物，而有机物又占全部干重的 90% 以上，其余的是无机物。将在 $105℃$ 下烘干的植物材料在 $600℃$ 下高温烘烤，干物质中绝大部分有机物中的碳、氢、氧、氮等元素以二氧化碳、水、分子态氮、NH_3、氮和硫的氧化物等气体形式挥发出来；剩余的不能挥发的灰白色残渣称为植物灰分，灰分中的物质为各种矿质的氧化物、硫酸盐、磷酸盐等，构成植物灰分的元素称为植物灰分元素，由于它们直接或间接地来自土壤矿质，故又称为矿质元素。

植物体内的矿质元素含量因植物的种类而异，同一植物的不同组织或器官的矿质元素含量也不同。甚至生长在不同环境条件下的同种植物，或不同年龄的同种植物体内矿质元素含量也会有所不同。植物体内的矿质元素种类很多，现已发现 70 种以上的元素存在于不同植物中。虽然如此，但这些元素并不都是植物正常生长发育所必需的。

2. 植物必需的矿质元素和确定方法

植物的必需元素是指植物正常生长发育必不可少的营养元素。某一元素是否对植物的生长发育是必需的，并不一定取决于该元素在植物体内的含量。判断某种元素是否为植物的必需元素有三个标准，即不可缺少性、不可替代性、直接功能性。所谓不可缺少性，是指一旦没有该元素，植物生长发育就会受到抑制，以致不能完成生活史；不可替代性指缺少该元素会导致植物出现营养缺乏症状，这种症状可以通过加入该元素的方法预防或恢复，而加入其他任何元素均无作用，即不能替代该元素的作用；直接功能性指该元素对植物生长发育的影响不是通过影响土壤的物理化学性质、微生物生长条件等原因而产生的间接效果，而是由于该元素的直接作用造成的。

现已确定的植物必需营养元素有 17 种。其中必需矿质元素（包括氮素）共 14 种，它们是氮、磷、钾、钙、镁、硫、铁、铜、硼、锌、锰、钼、镍、氯；植物来自大气和水中摄取的非矿质必需元素为碳、氢、氧。

根据植物体内各种必需元素的含量，一般将其分为两大类：大量元素和微量元素。其中，大量元素包括碳、氢、氧、氮、磷、钾、钙、镁、硫 9 种，此类元素分别占植物体干重的 0.01% ~ 10%；微量元素有氯、铁、硼、锰、锌、铜、镍、钼 8 种。

分析植物体内所含的元素是否为植物的必需元素，常见的做法是人为控制植物生长环境中各种元素组成的条件，对照植物必需元素的三个标准，逐一地分析各种元素对植物生长发育是否有符合必需元素条件的影响。通常利用人为配制的、可控制成分的营养液培养植物（即水培法），以确定各种营养元素的必需性。各种溶液培养方法已经被广泛地应用于实验室研究工作、工厂化育苗甚至较大规模的产业化生产过程。

3. 植物必需元素缺乏时表现的症状

（1）氮

根系吸收的氮主要是无机硝态氮，也可吸收少量铵态氮及一些有机态氮（如尿素、氨基酸等）。当氮肥供应充足时，植株枝叶繁茂、躯体高大、分枝能力强。在除碳、氢、氧外的植物必需元素中，植物的正常生长发育对氮的需要量最大。

植物在生长发育过程中缺氮时，细胞的许多生理生化活动受到影响，导致植株生长矮小，分枝很少，叶片小而薄，花果少且易脱落。缺氮还会影响叶绿素的合成，使枝叶变黄，叶片早衰甚至干枯，从而导致产量降低。因为植物体内氮的移动性大，老叶中的氮化物分解后运到幼嫩组织中去被重复利用，所以缺氮时叶片发黄，并由下部叶片开始逐渐向上发展。这是缺氮症状的显著特点。

氮素供应过量时，植株柔软披散、徒长，植物叶片大而深绿，体内含糖量相对不足，茎干中的机械组织不发达，易造成倒伏和被病虫害侵害等。

（2）磷

植物缺磷时老叶中的磷能被迅速转移至正在生长的幼嫩组织中去，因此植株缺磷的症状首先在老叶出现，并逐渐向较幼嫩的组织或器官发展。植物在生长发育过程中缺少磷的供应会影响细胞生长和分裂，使分枝减少，幼芽、幼叶生长停滞，茎、根纤细，植株矮小，花果脱落，成熟延迟；缺磷时，植物体内蛋白质合成下降，糖的转运受阻，从而使营养器官中糖的含量相对提高，促进了花青素的形成，故缺磷时叶子呈现不正常的暗绿色或紫红色，这是缺磷的较典型症状。

磷肥施用过多时，植株叶片组织会出现小焦斑，为磷酸钙沉淀所致。磷过多还会阻碍植物对硅的吸收。水溶性磷酸盐能与土壤中的锌、钙等二价阳离子结合，减少这些元素的有效性，故施用磷酸盐过多可导致植株发生缺锌、缺钙等症状。

（3）钾

缺钾时，植株枝干柔弱、易倒伏，抗旱性降低，叶片失水，蛋白质、叶绿素等物质被分解破坏，叶色变黄而叶组织逐渐坏死。还会出现叶缘焦枯、生长缓慢等现象。由于叶中部生长仍较快，所以整个叶子会形成杯状弯曲，或发生皱缩。钾也是易移动、可被重复利用的元素，故缺素症状首先出现在较老的组织或器官（如老叶）。

（4）钙

植物缺钙初期顶芽、幼叶呈淡绿色，继而叶尖出现典型的钩状，随后坏死。钙是不易被转运和重复利用的元素，缺钙症状首先表现在地上部幼茎、幼叶上。

（5）镁

镁离子供应短缺时导致叶绿素合成受阻，使得叶片首先从边缘开始枯黄，而叶脉较多的叶中央仍可保持一定绿色，这是与缺氮症状的主要区别。严重缺镁时可引起叶片的早衰与脱落，最终导致植株枯黄、死亡。

（6）硫

硫元素在植物体内不易移动，缺硫时一般在幼叶首先表现缺绿症状，且新叶均衡失绿，呈黄白色并易脱落。

（7）铁

铁是合成叶绿素所必需的，植物在生长发育过程中缺铁时，一旦叶绿素合成受阻将会导致叶片发黄。由于铁不易被重复利用，因而缺铁最明显的症状是幼芽、幼叶缺绿发黄，甚至变为黄白色，而老龄叶片仍为绿色。一般情况下土壤中的含铁量能满足植物生长发育的需要，但在碱性或石灰质土壤中，铁易形成不溶性的化合物而使植物表现出缺铁症状。

（8）铜

植物缺铜时，叶片生长缓慢，呈现蓝绿色，幼叶缺绿，随之出现枯斑，最后死亡脱落。另外，缺铜会导致叶片栅栏组织退化，气孔下面形成空腔，使植株即使在水分供应充足时也会因蒸腾过度而发生萎蔫。

（9）硼

缺硼时，植株的有性生殖过程受阻而导致结实减少，其后侧根、侧芽的生长点又死亡，从而形成簇生状。

（10）锌

锌以二价离子（Zn^{2+}）的形式被植物吸收。锌是色氨酸合成酶的必要成分，缺锌时植物合成色氨酸的反应受阻，而色氨酸是合成吲哚乙酸的前体。因此，缺锌时植物体内的生长素合成过程受到抑制，从而导致植物生长受阻，出现"小叶病"。

（11）锰

缺锰时植物不能形成叶绿素，叶脉间失绿褪色，但叶脉仍保持绿色，叶片自叶缘开始枯黄，这也是缺锰与缺铁的主要区别。

（12）钼

钼以钼酸盐（MoO_4^{2-}）的形式被植物吸收。钼是硝酸还原酶的组成成分，缺钼则硝酸的还原过程受到抑制，植株表现出缺氮症状，植株叶片较小，叶脉间失绿，叶片上有坏死斑点，且叶边缘焦枯，向内卷曲。

（13）镍

镍以 Ni^{2+} 的形式被植物吸收。镍是脲酶的辅基，而脲酶的作用是将尿素水解为 CO_2 和 NH_4^+。无镍时，脲酶失活，尿素在植物体内积累，最终对植物造成毒害。

（14）氯

缺氯时，植株叶片萎蔫、失绿坏死最后变为褐色，同时根系生长受阻、变粗，根尖变为棒状。

二、树木的缺素诊断

树木在生长发育过程中缺乏某种必需元素时其生理生化过程会受到影响，进而在树木的组织或器官上会产生形态、颜色等方面的变化。判断树木生长发育过程中组织或器官的一些形态变化是否由于缺乏某种元素所致，一般应遵循以下步骤。

1. 确定树木组织或器官在形态、颜色等方面发生变化的原因

首先，应区分生理病害、病虫危害和其他环境条件下不适而引起的病症。如树木受到害虫侵袭后会出现卷叶现象；干旱或涝灾后会导致植株叶片发黄；病毒可引起植株矮化，出现花叶或小叶等症状等。上述现象与一些缺素症状非常相似，因此要科学区分。

其次，如能确定是由于缺素导致的生理病害，应根据相应症状分析以确定究竟是由于缺乏何种元素导致的症状。具体判断可参考缺素症状检索表（表2-1）。表中可以检索的内容是针对树木的一般缺素症状而言的。

表2-1　树木缺乏矿质元素的病症检索表（李合生，2006）

A1 较老的器官或组织先出现病症。

　B1 病症常遍布整株，长期缺乏则茎短而细。

　　C1 基本叶片先缺绿，发黄，变干时呈浅褐色 ………………………… 缺氮

　　C2 叶常呈红或紫色，基部叶发黄，变干时呈暗绿色 ……………… 缺磷

　B2 病症常限于局部，基部叶片不焦干，但杂色或缺绿。

　　D1 叶脉间或叶缘有坏死斑点，或叶呈卷皱状 ………………………… 缺钾

　　D2 叶脉间坏死斑点大，并蔓延至叶脉，叶厚，茎短 ……………… 缺锌

　　D3 叶脉间缺绿（叶脉仍绿）。

　　　E1 有坏死斑点 ……………………………………………………… 缺镁

　　　E2 有坏死斑点并向幼叶发展，或叶扭曲 ……………………… 缺钼

　　　E3 有坏死斑，最终呈青铜色 ……………………………………… 缺氯

A2 较幼嫩的器官或组织先出现病症。

　F1 顶芽死亡，嫩叶变形和坏死，不呈叶脉间缺绿。

　　G1 嫩叶初呈钩状，后从叶尖和叶缘向内死亡 ………………………… 缺钙

　　G2 嫩叶基部浅绿，从叶基起枯死，叶卷曲 ………………………… 缺硼

F2 顶芽仍活。

　　H1 嫩叶萎蔫，叶暗绿色或有坏死斑点 ················· 缺铜

　　H2 嫩叶不萎蔫，叶缺绿。

　　　I1 叶脉也缺绿 ······························· 缺硫

　　　I2 叶脉间缺绿但叶脉仍绿。

　　　　J1 叶淡黄色或白色，无坏死斑点 ·········· 缺铁

　　　　J2 叶片有小的坏死斑点 ················· 缺锰

最后，再对缺乏某种或某些元素的原因进行分析，如分析土壤的理化性质及对施肥情况加以分析。土壤酸碱度对各种矿质元素的溶解度影响很大，当土壤的 pH 值过高或过低时往往使某些元素呈现不溶解状态，使其不能被树木吸收利用。

通过上述方法只能做出初步的判断，而通过对树木体内和土壤营养元素成分的测定，并加入不同营养元素以观察树木症状是否发生变化的试验，才能最终比较准确地判断树木缺素的种类。

2. 树木组织或器官及土壤成分的测定

为了进一步判断是否缺乏某种或某些元素，可在上述初步判断的基础上，对某种或某些可能缺乏的元素进行树木组织或器官及土壤样品的测定。如植株出现缺氮病症，可测定植株组织或器官中的含氮量，并与其他正常植株进行比较分析。同时，也可对土壤中的某种或某些元素含量进行测定分析。

由于植物体内或土壤中即便不缺乏某种元素，也可能出现对应于该种元素的缺素症状，因此对于树木的缺素症状应进行综合分析。

3. 补充营养元素

如果能初步确定植株的病症是由于缺乏某种元素而造成的，可通过施肥补充该元素的方法，以观察植株的恢复情况。如缺素症状消失，则可判断是缺乏该元素。

三、城市树木施肥技术

1. 树木施肥的意义与特点

施肥是树木栽培综合管理的重要环节。合理施肥是促进树木枝叶

茂盛、加速生长和延长寿命的重要措施。如果在树木修剪或遭受其他机械损伤后施肥，还可促进伤口愈合。

长期以来，城市树木大多处于人为活动频繁的特殊生态条件下，形成了区别于林木、果树和其他作物的施肥特点。首先，城市树木种类繁多，习性各异，生态、观赏与经济效益不同，因而无论是肥料的种类、用量，还是施肥比例与方法上都有很大的差别；其次，城市树木附近建筑物多，土壤板结，施肥操作不易，因而施肥的次数不会太多，同时肥料施用后的释放速度应该缓慢，不但应以有机肥和其他迟效性肥料为主，而且在施肥方法上应有所改进；最后，为了环境美观、卫生，不能采用恶臭、污染环境、妨碍人类正常活动的肥料与方法。肥料应适当深施并及时覆盖。

2. 施肥的原则

城市树木施肥的目的主要是提高土壤肥力，增加树木营养，但为了尽量保证经济合理，施肥还需遵循以下几项基本原则。

(1) 施肥方法符合施肥目的

施肥方法因施肥目的而异，即施肥目的不同，所采用的施肥方法也不同。为了使树木获得丰富的矿质营养，促进树木生长，施肥要尽可能集中分层施用，使肥料集中靠近树木根系，有利于树木吸收和避免土壤固定。此外，为了保证稳定和及时供应树木吸收，避免淋失，还应考虑迟效与速效肥料配合，有机与矿质肥料配合，基肥与追肥配合。

按照土壤中矿质营养的总量及其有效性、树木的需肥量、需肥时期以及营养诊断与施肥试验得出的合适施肥量、施肥时期等信息，使氮、磷、钾和其他营养元素适当配合。为了改良土壤，要使土肥相融，可根据土壤存在的具体问题选用各种肥料。

(2) 掌握环境条件与树木的特性

树木对营养物质的吸收情况不仅决定于树木的生物学特性，还受外界环境条件（光、热、水、气、土壤反应、土壤溶液的浓度）的影响。光照充足，温度适宜，光合作用强，根系吸肥量就多。如果光合作用减弱，由叶输导到根系的合成物减少，树木从土壤中吸收营养元素的速度也变慢。当土壤通气不良或温度不适宜时，同样也会发生类似的现象。

①气候条件。气候条件与施肥措施有关。确定施肥措施时，要考虑栽植地的气候条件、生长期的长短、生长期中某一时期温度的高低、降水量的多少及分配情况，以及树木越冬条件等。如不考虑树木越冬情况，盲目增加施肥量和追肥次数，可能会造成树木冻害。在生长期内，温度的高低、土壤湿度的大小，都会对树木吸收营养元素造成影响。当温度低时，树木吸收的养分少，尤其对氮、磷养分的吸收受到了限制，而对钾的吸收影响小；温度高时，树木吸收的养分多。另外，根外追肥最好在清晨或傍晚进行，而雨前或雨天根外追肥无效。

② 土壤条件。土壤状况和施肥措施有密切关系。依据土壤性质和肥力，可以确定土壤是否需要施肥、施哪种肥料及施肥量的多少。

a. 土壤的物理性质与施肥。土壤的物理性质，如土壤容重、土壤紧实度、通气性以及水热特性等，均受土壤质地和土壤结构的影响。

沙性土壤：质地疏松，通气性好，温度较高，湿度较低，属于"热土"，宜用猪粪、牛粪等冷性肥料，施肥宜深不宜浅。为了延长肥效时间，可用半腐熟的有机肥料或腐殖酸类肥料等。

黏性土壤：质地紧密，通气性差，温度低，而湿度小，属于"冷土"，宜选用马粪、羊粪等热性肥料，施肥深度宜浅不宜深，而且使用的有机肥料必须充分腐熟。

壤土：沙土含黏粒少，吸收容量小，即吸附保存 NH_4^+、K^+ 一类营养物质的能力小；黏土含黏粒多，吸收容量大，吸附保存 NH_4^+、K^+ 一类矿质营养的能力强；壤土的性质介于二者之间，保肥能力中等。凡是保肥能力强的土壤，它的缓冲能力和保水能力也强，即在一定范围内即便是施入较多的化肥，也不致使土壤溶液的浓度和 pH 值急剧变化导致"烧根"。保肥能力弱的土壤则相反。所以在施用化肥时，沙土的施肥量每次宜小，黏土的施肥量每次可适当加大。同样的用量，沙土应分多次追肥，黏土可减少次数和加大每次施肥量。

因树木生长受土壤中水、肥、气、热状况的制约，在一定条件下，合理施肥大多能产生好的效果，但是如果土壤结构不良，土壤的水、气失调，必然影响施肥的效果。因此，对这样的土壤，就要考虑施用大量有机肥，种植绿肥或施用结构改良剂，以改良其物理性质。

b. 土壤酸碱度与施肥。在酸性环境下，有利于阴离子的吸收；而在碱性环境下，则有利于阳离子的吸收。在 pH = 7 时，有利于 NH_4^+ 的吸收；pH 值 5~6 时，有利于 NO_3^- 的吸收。土壤 pH 值还影响土壤营养元素的有效性，进而影响其利用率。

土壤酸碱度还影响到菌根的发育，因为菌根在酸性土壤中通常易于形成和发育，而发达的菌根有利于树木对磷和铁等元素的吸收利用，阻止磷素从根系向外排泄，同时还可提高树木吸收水分的能力。

c. 土壤养分状况与施肥。对照土壤养分状况（含量、变化等），根据树木对土壤养分的需要量，有针对性地施肥通常可提高施肥效率。但是，土壤养分的速效性随树木的吸收、气象条件的变化及土壤微生物的活动等而变，如果应用土壤化验结果进行施肥，应特别注意它们的影响。

氮素在各种土壤中的存在状态和对植物有效性的序列如下：硝态氮和铵态氮>易水解性氮>蛋白质态氮>腐殖质态氮。这些氮素在各种土壤中基本上都有，但是氮的总含量以及它的各种存在状态之间的比例关系则各有不同。在土壤中加入不同形态的氮肥，相应增加了不同形态氮的含量。土壤中的有机态氮是会逐渐转化为铵态和硝态的，但转化的强度和速度受土壤水分、温度、空气、pH 值状况以及其他元素含量等方面的影响。施肥时要考虑土壤原有的氮素状况。在一般土壤中，应以氮肥为主；但对一些有机质含量高、氮素极充足的土壤，就应加大磷、钾肥的施用比例。

土壤中的磷，分为有机态磷和无机态磷两种。有机态磷是土壤有机质的组成部分，在各种土壤中均可存在，其中只有极小部分可被直接吸收，而大部分要在微生物作用下，才能逐渐分解转化为植物可利用的无机磷酸盐。在石灰性土壤中，施入水溶性的过磷酸钙作肥料，当年植物只能吸收利用其中一小部分的磷，其余大部分转化为难溶性的磷酸三钙残留于土壤中。在微酸性至中性的土壤中，磷肥的利用率可达 20%~30%。在强酸性土壤中，磷大都成为难溶性磷酸铝和磷酸铁状态，植物较难利用，若遇土壤干旱，磷酸铁、铝盐脱水，植物就根本不能利用。因此，在石灰性土壤或强酸性土壤上施肥时，应相应增大磷所占比例。

土壤中的钾，包括水溶性钾、土壤吸收性钾和含钾土壤矿物晶格中的钾，其中以后者所占比例最大。前两者是植物可以吸收利用的，后者不能被植物吸收，需要经过转化过程才能分解释放出 K^+。

③树木特性。树木在不同物候期所需的营养元素是不同的。水分充足时，新梢的生长在很大程度上取决于氮的供应，其需氮量是从生长初期到生长盛期逐渐提高的。随着新梢生长的结束，树木的需氮量虽然降低，但是蛋白质的合成仍在进行，树干的加粗生长一直延续到秋季，并且仍在迅速积累对下一年春新梢生长和开花极重要的蛋白质及其营养物质。所以，树木的整个生长期都需要氮肥，但需要量的多少是不同的。

在新梢缓慢生长期，除需要氮、磷外，还需要一定数量的钾肥。在此时期内树木主要是进行营养物质的积累，叶片加速老化。为了使这些老叶能够维持较高的光合能力，并使树木及时停止生长和提高抗寒力，需要特别充足的钾肥。在保证氮、钾供应的情况下，多施磷肥可以促使芽迅速通过各个生长阶段，有利于花芽分化。

开花、坐果和果实发育时期，树木对各种营养元素的需要都特别迫切，而钾肥的作用更为重要。在结果的当年，钾肥能加强树木的生长和促进花芽分化。

土壤管理和施肥的主要任务之一，就是要解决树木在此时期对养分的高度需要和土壤中可给态养分含量较低之间的矛盾。如树木在春季和夏初需肥多，但此时期内由于土壤微生物的活动能力较弱，土壤内可供吸收的养分恰处在较少的时期，此时应采取追肥。而树木生长后期，对氮和水分的需要一般很少，但在此时土壤可供吸收的氮及土壤水分都很高，所以此时应控制灌水和施肥。

了解树木在不同物候期对各种元素的需要，对控制树木生长与发育以及制订有效的施肥方法尤为重要。施用三要素肥的时期也要因树种而异。磷素主要在枝梢和根系生长旺盛的高温季节吸收，冬季显著减少；钾的吸收主要在 5~11 月。磷素在开花后至 9 月下旬吸收量较稳定，11 月以后几乎停止吸收；钾在花前很少吸收，开花后迅速增加，果实肥大期达吸收高峰，10 月以后急剧减少。

（3）肥料的种类与成本

肥料的种类不同，其营养成分、性质、施用对象与条件及成本等都有很大的差异。

①肥料的种类。

a. 有机肥。以有机物质为主的肥料，由植物残体、人畜粪尿和土杂肥等经腐熟而成。农家肥都是有机肥，如厩肥、堆肥、绿肥、泥炭、人粪尿、家禽和鸟粪类、骨粉、饼肥、鱼肥、血肥、动物下脚料及秸秆、枯枝落叶等。由于有机肥含有多种元素，但要经过土壤微生物的分解逐渐为树木所利用，因此一般属迟效性肥料。

b. 无机肥。一般为单质化肥，包括经过加工的化肥和天然开采的矿物肥料等。常用的有硫酸铵、尿素、硝酸铵、氯化铵、碳酸氢铵、过磷酸钙、磷矿粉、氯化钾、硝酸钾、硫酸钾、钾石盐等，还有铁、硼、锰、铜、锌、钼等微量元素的盐类，多属速效性肥料，多用于追肥。

c. 微生物肥料。用对植物生长有益的土壤微生物制成的肥料，分细菌肥料和真菌肥料两类。细菌肥料由固氮菌、根瘤菌、磷细菌和钾细菌等制成，真菌肥料由菌根菌等制成。

②肥料的特性与成本。要合理使用肥料，必须了解肥料本身的特性、成本及其在不同土壤条件下对树木的效应等。如磷矿粉的生产成本低，来源较广，在酸性土壤上使用很有价值，而在石灰性土壤上就不适宜。

少量氮肥在土壤中往往没有显著增产效果，因此氮肥应适当集中使用。磷、钾肥的使用，除特殊情况外，必须用在不缺氮素的土壤中才经济合理，否则施用磷、钾肥的效果不大。有机肥及磷肥等，除当年的肥效外，往往还有后效，因此在施肥时也要考虑前一两年施肥的种类和用量。

肥料在一定的技术配合下，有一定的用量范围。施用过量的化学肥料既不符合增产节约的原则，又会造成土壤溶液浓度过高，渗透压过大而导致树木灼伤或死亡。

适当加大有机肥料、绿肥或泥肥的用量可以改良土壤，但也要根据需要与可能做出合理安排，以形成土肥相融、肥沃疏松的土壤。若过量，同样会造成土壤溶液浓度过高之害。

3. 施肥的时期

在树木最需要的时候施肥，可实现使有限的肥料被树木充分利用的目的。具体施用的时间应视树木生长的情况和季节而定。在生产上一般分为基肥和追肥。基肥使用时期要早，追肥要巧。

（1）基肥

基肥是在较长时期内供给树木养分的基本肥料，宜施迟效性有机肥，如堆肥、厩肥、圈肥、鱼肥以及作物秸秆、树枝、落叶等，使其逐渐分解，供给树木较长时间吸收利用的大量元素和微量元素。

基肥分秋施基肥和春施基肥。秋施基肥正值根系又一次生长高峰，伤根容易愈合，并可发出新根。结合施基肥，再施入部分速效性化肥，可以提高细胞液浓度，从而增强树木的越冬性，保障树木翌年正常生长和发育。增施有机肥可使土壤疏松，防止冬、春土壤干旱，并可提高地温，减少根际冻害。秋施基肥，有机质腐烂分解的时间充分，可提高矿质化程度，翌春可及时供给树木吸收和利用，促进根系生长。春施基肥，如果有机物没有充分分解，肥效发挥较慢，早春不能及时供给根系吸收，到生长后期肥效才发挥作用，往往会造成新梢的二次生长，对树木生长发育不利，特别是对某些观花、观果类树木的花芽分化及果实发育不利。

（2）追肥

追肥又叫补肥。根据树木一年中各物候期需肥特点及时追肥，以调节树木生长和发育的矛盾。在生产上分前期追肥和后期追肥。前期追肥又分为生长高峰前追肥、开花前追肥及花芽分化期追肥。具体追肥时期，则与地区、树种、品种及树龄等有关，要依据各物候期特点进行追肥。对观花、观果树木来说，花后追肥与花芽分化期追肥比较重要，尤以花谢后追肥更为关键，而对于牡丹等开花较晚的花木，可将两次追肥合并为一次。花前追肥和后期追肥常与基肥施用相隔较近，条件不允许时则可以省去，但牡丹花前必须保证施 1 次追肥。此外，某些果树及观果树木在果实速生期施 1 次氮磷钾复混壮果肥，可取得较好效果。对于一般初栽 2~3 年的花木、庭荫树、行道树及风景树等，可在每年的生长期进行 1~2 次追肥。有营养缺乏症状的树木可随时追肥。

4. 肥料的配方与用量

（1）肥料的配方

城市树木一般都应施用含有氮、磷、钾三要素的混合肥料。具体施用比例则应考虑树木不同年龄时期、不同物候期的需要和土壤营养状况等。

充分腐熟的厩肥含有多种营养元素，是树木特别是幼树施肥的最好材料，但是由于厩肥只适用于开阔地生长的树木，施用量太大，也不方便，因此应用并不广泛；化学肥料有效成分含量高，见效快，使用十分普遍，但改良土壤结构的作用小。

一般不应使用碱性肥料，因为多数城市树木自然生长在酸性土壤中。如果以腐殖质为主要原料加入适量的氮、磷、钾等主要元素制成腐殖酸肥料效果更好。这种肥料一般用森林腐殖土、草炭、褐煤、煤矸石、塘泥等作原料，加入不同成分的化肥制成复合腐殖酸肥料。

由于腐殖质除本身含有少量的氮和硫之外，还能吸附活化土壤中的许多元素，如磷、钾、钙、镁、硫、铁和其他营养元素，对土壤溶液有缓冲作用，改良土壤的效果很好，还可促进代谢，加速植物生长，兼具速效和迟效性能，一般用作基肥，也可用作追肥。

（2）施肥量

肥料的施用量应以城市树木在不同时期从土壤中吸收所需养分的状况为基础。通常确定施肥量的方法有以下两种：

①理论施肥量的计算。确定施肥量前，测定树木各器官每年对土

壤中主要营养元素的吸收量、土壤中的可供量及肥料的利用率，再计算其施肥量。可用下列公式计算：

$$施肥量 = \frac{树木吸收的元素量 - 土壤可供应的元素量}{肥料元素的利用率}$$

②经验施肥料的确定。一般可按树木每厘米胸径 18~1400 克的混合肥施用。这一用量对任何树木都不会造成伤害。如果施用后效果不佳，可以 1~2 年内重新追肥。此外，有些树种对化肥比较敏感，施用量应酌情减少。

在确定施肥量时，还应考虑树龄、施肥目的。如果树龄小，希望促进生长，则应适当加大施肥量；而对于较老树木，既要保持其正常的生命力，又要限制其生长，则应适当减少施肥量。此外，还应根据配方的标准、树冠大小和土壤类型，对施肥量加以调整。

5. 施肥方法

（1）土壤施肥

土壤施肥是将肥料施入土壤中，通过根系吸收后，运往树体各个器官利用。

①土壤施肥的位置。根据树木根系的分布状况与吸收功能，施肥的水平位置一般应在树冠投影半径的 1/3 至滴水线附近，垂直深度应在密集根层以上 40~60 厘米。在土壤施肥中必须注意 3 个问题：一是不要靠近树干基部，这样不但没有好处，有时还会引起伤害，特别是容易对幼树根颈造成烧伤；二是不要太浅，避免简单的地面喷洒；三是不要太深，一般不超过 60 厘米。

②土壤施肥的方法。

a. 地表施肥。生长在裸露土壤上的小树，可以撒施，但必须同时松土或浇水，使肥料进入土层，才能获得比较满意的效果。因为肥料中的许多元素，特别是磷和钾不容易在土壤中移动而保留在施用的地方，会诱使树木根系向地表伸展，从而降低了树木的抗性。切忌在树干 30 厘米以内施肥。

b. 沟状施肥。沟施法是基于把营养元素尽可能施在根系附近而发展起来的。可分为环状沟施及辐射沟施等方法。

环状沟施：又可分为全环沟施与局部环施。全环沟施沿树冠滴水线挖宽60厘米、深达密集根层附近的沟，将肥料与适量的土壤充分混合后填到沟内，表层盖表土。局部沟施与全环沟施基本相同，只是将滴水线分为4~8等份，间隔开沟施肥，其优点是断根较少。

辐射沟施：从离干基约为1/3树冠投影半径的地方开始至滴水线附近，等距离间隔挖4~8条宽30~65厘米的辐射沟，深达根系密集层，与环状沟施一样施肥后覆土。

沟施的特点是施肥面积占根系水平分布范围的比例小，开沟损伤许多根，对草坪上生长的树木施肥，会造成草皮的局部破坏。

c. 穴状施肥。穴状施肥是指在施肥区内挖穴施肥。这种方法简单易行，但在给草坪树木施肥中也会造成草皮的破坏。

d. 打孔施肥。打孔施肥是从穴状施肥衍变而来的一种方法。即每隔60~80厘米在施肥区打一个30~60厘米深的孔，将额定施肥量均匀地施入各个孔中，约达孔深的2/3，然后用泥炭藓、碎粪肥或表土堵塞孔洞后踩实。通常大树或草坪上生长的树木，都采用此法，此法可使肥料遍布整个根系分布区。

e. 微孔释放袋施肥。微孔释放袋又称微孔释放包。它是把一定量的16-8-16水溶性肥料热封在双层聚乙烯塑料薄膜袋内施用。封在肥料外面的两层塑料都有数量与直径经过精密测定的"针孔"。栽植树木时，这种袋子放在吸收根群附近，当土壤中的水汽，经微孔进入袋内，使肥料吸潮，以液体的形式从孔中溢出供树木根系吸收。这样释放肥料的速度缓慢，数量也相当小，可以不断地向根系传递，此法不会对根系造成伤害。微孔释放袋的活性会随季节变化而改变。随着天气变冷，袋中的水汽压也随之变小，最终停止营养释放，因此在植物休眠的寒冷季节，袋内的肥料不会释放出来。然而春天到来时，土壤解冻，气候转暖，由于袋内水汽压再次升高，促进肥料的释放，满足植株生长的需要。微孔释放袋的这些极好特性是由于土壤水汽压的变化定时触发肥料释放或停止而形成的。

对于已定植的树木，也可用110~115克的微孔释放袋，埋在滴水线以内约25厘米深的土层中。每棵树用多少袋取决于树木的大小或年龄。这种微孔释放袋埋置 1 次，约可满足树木 8 年的营养需要。

③土壤施肥的时间与次数。树木可以在晚秋和早春施肥。秋天施肥应避免抽秋梢，由于气候带不同，各地的施肥时间不尽一致。在暖温带地区，10 月上旬是开始施肥的安全时期。秋天施肥的优点是施肥以后，有些营养可立即进入根系，另一些营养在冬末春初进入根系，剩余营养则可以更晚的时候产生效用。由于树木根系远在芽膨大之前开始活动，只要施肥位置得当，就能很快见效。据报道，树木在休眠期间，根系尚有继续生长和吸收营养的能力，即使在 2℃ 还能吸收一些营养；在 7~13℃ 时，营养吸收已相当大，因此秋天施肥可以增加翌春的生长量。春天，地面霜冻结束至 5 月 1 日前后都可施肥，但施肥越晚，根和梢的生长量越小。

由于夏季施肥容易使树木生长过旺，新梢木质化程度低，容易遭受低温或冬日晒伤的危害，因此一般不提倡夏季施肥，特别是仲夏以后施肥。如果发现树木缺肥而处于"饥饿"状态，则需随时予以补充。

施肥的次数取决于树木的种类、生长的反应和其他因素。如果树木颜色好，生活力强，不要施肥。但在树木某些正常生理活动受到影响，矿质营养低于正常标准或遭病虫侵害时，应每年或每 2~4 年施肥 1 次，直至恢复正常。此后次数可逐渐减少。

（2）根外施肥

根外施肥也称地上器官施肥。它是通过对树木叶片、枝条和树干等地上器官进行喷、涂或注射，使营养直接渗入树体的方法。

①叶片施肥。叶片施肥也叫叶面喷肥。叶片施肥在我国早已开始使用，并积累了不少经验。

叶片的上下表面除气孔外，并不完全由角质层覆盖，而是角质层间还断续分布着果胶质层。这些果胶质具有吸收和释放水分与营养物质的能力，因此叶片表面不再被认为是相对不渗透溶解物质的界面。叶片对营养液的吸收能力主要受如下几个因素的影响：

a. 环境条件。在湿度较高、光照较强和温度适宜（18~25℃）的情况下，叶片吸收得多，运输也快，因而白天的吸收量多于夜晚。

由于树木可以直接利用均匀分布的雾滴，因此干旱季节的叶面喷雾可以有效地维持树木的正常生长，但如果此时树木根区干施肥，不但不能被树木利用，而且还可能加重干旱对树木的损害。

b. 树种及叶片特性。树种及叶片特性不同对营养液的吸收作用也不相同。迅速生长中的幼龄叶片，单位面积吸收的营养液多于完全成熟或老龄叶片。此外，角质层的厚度、果胶质层的分布面积、表皮毛的多少或叶面的光滑程度以及影响溶液黏着程度的其他表面性质等都会影响叶片对营养液的吸收。

当然，在叶面施肥中，叶片并不是吸收营养的唯一器官，树皮、芽、叶柄和花等也有一定的吸收能力。早春若在芽开始膨胀时给树木喷施营养液，大都可以被树木吸收。在不引起树木损害的情况下，树皮喷施的浓度约为叶子施肥浓度的 10 倍。这种方法可在生长季开始之前，对于已经遭受冬季损害或可能缺素的树木施用。

c. 肥料的种类与性质。尿素中的氮是最易被叶片吸收的基本元素。尿素溶液被叶子吸收以后，借助于尿素酶分解成氨和二氧化碳，为植物所利用。钠和钾是另外两种容易被叶片吸收的元素。它们一旦进入叶片就具有很强的流动性。其他如磷、氯、硫、锌、铜、镁、铁和钼的流动性依次递减。钙虽能被叶片吸收，但不能流动。尽管如此，钙及与之近似的镁，仍然可以有效地施在某些植物的叶片上，用以弥补这两种元素的不足。

此外，营养液的物理化学性质如 pH 值、载体离子、表面活化剂等对营养吸收也有很大的影响。

d. 叶片吸收肥料的速度。叶面喷肥以后，通过气孔和分散在角质层间的果胶质进入叶片，再输送到树木体内和各个器官。一般喷施 15 分钟至 2 小时即可被叶片吸收，其吸收强度和速度与叶龄、肥料成分、溶液浓度等有关。由于幼叶生理机能旺盛，气孔所占面积比老叶大，因此吸收比较快。

e. 使用配方、浓度与数量。叶面喷洒的全溶性高营养复合肥的使用浓度，随树木和配方状况而变。通常 13-26-13、12-12-12 或 13-13-13 配方的肥料浓度不大于 0.37%；15-15-15、15-30-15 或

16-16-16的配方不大于0.3%；18-18-18、20-20-20或23-21-17的配方不大于0.22%；单一化肥的喷洒浓度可为0.3%~0.5%，尿素甚至可达2%。

叶面施肥的喷洒量，以营养液开始从叶片大量滴下为准。应该注意的是，并不是所有的可溶性化肥都能用于叶面追肥，否则有可能造成肥害。此外，适于叶面喷洒的营养液还可以与福美铁、马拉硫磷等有机农药结合使用，既可改善树木的营养状况，又可防治病虫害。

叶面喷肥简单易行，用量小，发挥作用快，可及时满足树木对养分的需求，并可避免某些营养元素在土壤中的化学和生物固定。在缺水季节或缺水地区以及不变施肥的地方，均可采用此法。但叶面喷肥并不能代替土壤施肥。叶面喷氮在转移上还有一定的局限性，而土壤施肥的肥效持续期长，根系吸收后，可将营养元素分送到各个器官，促进整体生长，同时给土壤施用有机肥，还可改良土壤，改善根系环境，有利于根系生长。但是土壤施肥见效慢，因而土壤施肥和叶面喷肥各具特点，可以互补不足，如能运用得当，可发挥肥料的最大效用。

②树木注射。树木注射是将营养溶液直接注入树干，虽然已取得成功，但是这种方法还不能普遍推广，只有在树木出现缺铁性褪绿症时，才将铁盐注入树干。这种方法已用于树木的特殊缺素症或不容易进行土壤施肥的林荫道、人行道和根区有其他障碍的地方。

给树木注射的方法是将营养液盛在一种专用容器中，系在树上，将针管插入木质部甚至髓心，慢慢吊注数小时或数天。虽然许多肥料可以用这种方法施用，但是应用最多的还是用铁盐治疗缺绿病。这种方法也可用于注射内吸杀虫剂与杀菌剂，防治病虫害。

树干注射的缺点是钻孔消毒、堵塞不严的情况下，容易引起心腐和蛀干害虫的侵入。

第三章
城市树木的水分管理

　　树木的生命活动与水密切相关。树木通过根系吸收的水分，95%以上都消耗于蒸腾作用。一般情况下，蒸腾量越大，树木根系吸收的水分就越多，相应地，随水流进入树体的矿质营养也越丰富，树木的生长也越旺盛。不同城市树木的栽培目的有差异，只有通过合理灌水与排水管理，维持树体水分代谢平衡的适当水平，才能保证树木的正常生长和发育，才能满足栽培目的的要求。土壤水分过多或过少，都会造成树体水分代谢的障碍，对树木的生长不利。

一、树木生长对水分的需求

　　树木对水分的需要是指树木在维持正常生理活动中所吸收和消耗的水分。水是植物体的基本组成部分。植物体的一切生命活动都必须在水的参与下才能完成，如光合作用，蒸腾作用，养分吸收、运转和合成等。

　　水主要来自大气降水和地下水，通过质态（固态水、液态水、气态水）、持续时间（干旱、降水、水淹等持续的时间）、数量（降水的多少、空气相对湿度等）三个方面的影响，直接或间接地参与植物的生命活动。

1. 植物体的水分平衡

在正常情况下，植物蒸腾失水，同时不断地从土壤中吸收水分，这样就在植物生命活动中形成了吸水与失水的连续运动过程。一般把植物吸水、用水、失水三者的和谐动态关系叫作水分平衡。

植物体的水分经常处于动态平衡中。植物对水分的吸收（根部吸水）和散失（叶蒸腾）是相互联系的矛盾统一过程。当失水量小于吸水量时，可能出现"吐水"现象。当失水量大于吸水量时，植物体内出现水分亏缺，组织含水量下降，叶片萎缩下垂，呈现萎蔫状态。因此，维持植物在一定含水量基础上的体内水分平衡，对植物正常生长尤为重要。

增加吸水和减少蒸腾是维持植物水分平衡的两个重要途径，同时由于任何减少蒸腾的办法都会降低植物的光合性能，从而影响植物的生长，所以保证灌溉是解决这一问题的主要途径。

2. 植物对水分的适应

在长期的进化过程中，不同的植物形成了对水分不同程度的适应性。在不同的水分条件下，适生不同的植物。如在干旱的山坡上，许多松树生长良好；水分充足的山谷、河旁，赤杨、枫杨等生长旺盛。

根据植物对水分需求量的大小和要求，可将植物分为以下几类：

（1）旱生植物

可较长时间在干旱环境中生长，并能维持体内水分平衡和正常生长发育的一类植物即为旱生植物，如桂香柳、胡颓子等。此类植物具有较强的抗旱性，原生质具有忍受严重失水的适应能力。每种旱生植物都有其固有的综合耐旱特征，即使生长在同一干旱环境中的植物，它们适应干旱的方式也是多种多样的。在面临大气和土壤干旱时，或保持从土壤中吸收水分的能力，或及时关闭气孔，以缩小蒸腾面积，减少水分的损耗，或体内贮存水分和提高输水能力以渡过逆境。

（2）中生植物

生长在干湿条件适中的陆地上，能抵抗短期内轻微干旱的植物即为中生植物。大多数植物属于此类。

（3）湿生植物

湿生植物生长在空气与土壤潮湿的环境中，在土壤短期积水时仍可以生长，但不能忍受较长时间的水分不足，属于抗旱能力最弱的陆生植物，如水杉、垂柳、秋海棠等。湿生植物可以分为阴性湿生植物和阳性湿生植物。这类植物因环境中经常有充足的水分，没有任何避免蒸腾过度的保护性形态结构，因此不耐旱；相反，却具有许多对水分过多的适应特征，如根系不发达，分生侧根和根毛少，叶大而薄，栅状组织不发达，气孔多而经常开放，因而叶片被摘下后极易萎蔫。有的植物为适应缺氧环境，具有疏松的茎组织，有利于气体交换。

（4）水生植物

水生植物适宜生长在水中，如荷花、浮萍等。

3. 水分在植物生命活动中的作用

水分在植物生命活动中的作用是很大的，主要表现如下：

（1）水分是细胞质的主要成分

细胞质的含水量一般在 70%~90%，使细胞质呈溶胶状态，保证了旺盛的代谢作用正常进行，如根尖、茎尖。如果含水量减少，细胞质便变成凝胶状态。

（2）水分是代谢作用过程的反应物质

水分子在光合作用、呼吸作用、有机物质合成和分解的过程中都有参与。

（3）水分是植物对物质吸收和运输的溶剂

植物一般情况下不能直接吸收固态的无机物质和有机物质，这些物质只有溶解在水中才能被植物吸收。同样，各种物质在植物体内的运输，也要溶解在水中才能进行。

（4）水分能保持植物的固有姿态

由于细胞含有大量水分，维持细胞的紧张度（即膨胀），使植物枝叶挺立，便于充分接受光照和交换气体。同时，也使花朵张开，有利于传粉。

（5）细胞的分裂和延伸生长都需要足够的水

植物细胞的分裂和延伸生长都需要充足的水分。植物生长需要一定的膨压，缺水可使膨压降低甚至消失，植物生长就会受到抑制。

（6）水是植物水分调节器

水分子具有很高的汽化热和比热容，因此在环境波动的情况下，植物体内大量的水分可维持体温相对稳定。在烈日暴晒下，通过蒸腾散失水分以降低体温，使植物不易受高温伤害。

（7）水对可见光的通透性

水只对红光有微弱的吸收，对陆生植物来说，可见光可以透过无色的表皮细胞到达叶肉细胞的叶绿体进行光合作用。

（8）水对植物生存环境的调节

水分可以增加大气湿度、改善土壤及土壤表面大气的温度等。

4. 水分不足对植物生长发育的影响

水分不足会对植物的生长造成不利的影响。水分缺失时，许多植物的地上部分停止生长，根系停止生长，甚至由于土壤溶液浓度过高，根系发生外渗现象，引起烧根甚至死亡。

对许多植物来说，水分常是影响花芽分化的主要因素之一。植物生长一段时间后，营养物质积累至一定程度，此时植物将逐渐由营养生长转向生殖生长，开始花芽分化、开花、结果。在花芽分化期间，如果水分缺乏，花芽分化困难，则形成花芽较少。在开花期内，如果水分不足，则花朵难以完全绽放。

5. 水分管理原则

（1）不同气候和不同时期对灌水的要求不同

干旱季节，雨水较少，若此时是树木发育的旺盛时期，这个时期则需注意加强灌水。灌水次数应根据树种和气候条件决定。如月季、牡丹等名贵花木在此时期只要土壤见干就应浇水。而对于其他花木可稍粗放些，对于大的乔木在此时期就应根据条件决定。总的来说，这个时期是干旱转入少雨时期，树木又是从开始生长逐渐加快达到最旺盛生长，所以土壤应保持湿润。

在江南地区，梅雨季节不应多灌水。对于某些花木，如梅花、碧桃等在 6 月底以后形成花芽，所以在 6 月应短时间扣水，借以促进花芽的形成。

7~8 月为雨季，降水较多，空气湿度大，不需要多灌水，遇雨水过多时应注意排水，但在遇大旱之年，此期也应灌水。

秋季，为使树木组织生长更充实，充分木质化，增强抗性，准备越冬，一般不应再灌水，以免引起徒长。如遇过度干旱，则应适量灌水，特别是对新栽植的树木和名贵树种及重点布置区的树木，以免树木因为过度缺水而萎蔫。

秋末冬初，树木已经停止生长，为了使树木很好地越冬，不致因冬春干旱受害，此期在北方特别是在华北地区越冬尚有一定困难的边缘树种一定要灌封冻水。

此外，地区不同，气候不同，则灌水时期也不同。如华北灌封冻水宜在土地封冻前，但不可太早，因为 9~10 月灌大水会影响枝条成熟，不利于安全越冬。但在江南，9~10 月常有秋旱，故在当地为安全越冬在此时亦应灌水。

（2）树种不同、栽植年限不同则灌水和排水要求不同

城市树木数量大，种类多，因此城市树木的灌水和排水应区别对待。例如，观花树种特别是花灌木的灌水量和灌水次数均比一般的树种要多。对于樟子松、锦鸡儿等耐干旱的树种则灌水次数和灌水量应少，或不灌水。而对于水曲柳、枫杨、水杉、垂柳等喜欢湿润土壤的树种，则应注意适当增加灌水。

不同栽植年限灌水次数不同，刚刚栽植的树木一定要灌足一次水，并及时补充水分方可保证成活。新栽乔木需要连续灌水 3~5 年（灌木最少 5 年），土质不好的地方或树木因缺水而生长不良以及干旱年份，均应延长灌水年限，直到树木深扎根后为止。对于新栽的常绿树木，尤其是常绿阔叶树，常在早晨向树上喷水将有利于树木成活。对于定植多年、生长良好的树木，一般只需在树木表现出迫切需水时才灌水。

从排水的角度来看，也要根据树木的习性和耐涝的能力决定。如

玉兰、梅花、梧桐在北方均为名贵树种中耐水力最弱的，若遇水涝，必须尽快排出积水，否则3~5天即会死亡。柽柳、榔榆、垂柳、旱柳、紫穗槐等是耐水力最强的树种，均能耐3个月深水淹没，即使被淹，短时间内不排水问题也不大。

（3）根据不同的土壤情况进行灌水和排水

灌水和排水除了应视气候和树种因素而定外，还应考虑土壤种类、质地、结构以及肥力等。盐碱地灌水需要与中耕除草相结合，最好用河水灌溉。沙地的树种，因沙地易漏水，保水力差，灌水次数应适当增加，且要小水勤灌，并增加有机肥以利于保水、保肥。低洼地要"小水勤浇"，注意不要积水，并应注意排水防碱。黏重的土壤保水力较强，灌水宜少，并施以有机肥和河沙，增加通透性。

（4）灌水应与施肥、土壤管理等相结合

在全年的栽培养护工作中，灌水应与其他措施相结合，才可更好地发挥作用。例如，灌溉与施肥结合，施肥前后，应浇透水，这样既可避免肥力过大、过猛，避免影响根系吸收或遭毒害，又可满足树木对水分的正常要求，肥料也可随水而进入树木体内。此外，灌水应与中耕除草、培土、覆盖等土壤措施相结合。

二、城市树木灌水

多数城市树木需要灌溉，以补充其土壤水分的不足。在半干旱和干旱地区，灌溉是城市树木管理中需要经常注意的重要问题。甚至在比较湿润或多雨地区也可能偶尔发生干旱，需要灌溉供水，以维持其生命。

1. 树木灌溉的时期

土壤水分包括吸湿水与毛管水。可供植物根系吸收利用的，都是可移动的毛管水。当土壤水分减少到不能移动时的含水量，称为"水分当量"。土壤水分低至水分当量时，树木吸收水分困难，必将导致树体缺水。如果低至水分当量的土壤含水量继续减少，植物终将枯萎死亡，这时的土壤含水量称为"萎蔫系数"。

　　确定正确的灌水时期，不是等树木在形态上已显露出缺水症状（如叶片卷曲、果实皱缩等）时才进行灌溉，而是要在树木未受到缺水影响以前开始，否则树木的生长发育可能已经受到不可弥补的影响。例如，早晨看树叶是上翘还是下垂，中午看叶片是否萎蔫及其程度轻重，傍晚看萎蔫后恢复的快慢等，都可作为露地树木是否需要灌溉的参考。名贵树木或抗性比较差的树木，如紫红鸡爪槭（红枫）、红叶鸡爪槭（羽毛枫）、杜鹃花等，略现萎蔫或叶尖焦干时就应立即灌水或对树冠喷水，否则就会产生旱害。有的树种虽遇干旱出现萎蔫，但较长时间内不灌溉也不至于死亡。

　　用测定土壤含水量的方法确定具体灌水日期，是较可靠的方法。土壤能保持的最大水量称为土壤最大田间持水量。一般情况下，当土壤含水量达到最大田间持水量60%~80%时，土壤中的水分与空气状况最符合树木生长、结实的需要。通常，当根系分布的土壤含水量低至最大田间持水量的50%时，就需要补充水分。

　　在某一地段，如果已经熟悉其土质并经多次含水量的测定，也可凭经验进行触摸和目测，判断其大体含水量，以确定其是否需要灌溉。如壤土和沙壤土，手握成团、挤压时土团不易碎裂，说明土壤湿度为最大田间持水量的50%以上，一般可不必进行灌溉。如手指松开，轻轻挤压容易裂缝，则证明水分含量少，需要进行灌溉。

　　随着科技的发展，用仪器指示灌水时间和灌水量，早已在生产上应用。目前国外已普遍采用张力计指导灌水，可随时迅速了解树木根部不同土层的水分状况，进行合理的灌溉，以防止过量灌溉所引起的灌溉水源和土壤养分的损失。

　　确定树木是否需要灌溉，还有其他一些方法，如直接测定树木地上部分生长状况的方法，包括测定果实的生长率、气孔的开张度、树木和枝条的生长、叶片的色泽和萎蔫度等。这类测定可以称为灌水时期的生物学指标测定。此外，也可用叶片的细胞液浓度、水势等作为灌水时间的生理指标。还有许多其他测定方法，但目前尚未大量应用于生产实践。

2. 主要物候期的灌水

灌水时期由树木在一年中各个物候期对水分的要求、气候特点和土壤水分的变化规律等决定，除定植时要大量的定根水外，大体上可以分休眠期灌水和生长期灌水两种。

（1）休眠期灌水

休眠期灌水在秋冬季和早春进行。我国的东北、西北和华北等地降水量较少，冬春严寒干旱，因此休眠期灌水非常重要。秋末或冬初的灌水（北京 11 月上、中旬）一般称为灌"冻水"或"封冻水"，冬季结冻，可提高树木越冬能力，并可防止早春干旱，故在北方地区，这次灌水是不可缺少的；对于处于适栽边缘地带的树种、越冬困难的树种以及幼年树木等，灌冻水更为重要。

早春灌水不但有利于新梢和叶片的生长，并且有利于开花和坐果。早春灌水会促使树木健壮生长，是花繁果茂的一个关键。

（2）生长期灌水

生长期灌水分为花前灌水、花后灌水和花芽分化期灌水。

①花前灌水。在北方一些地区容易出现早春干旱和风多雨少的现象，及时灌水补充土壤水分的不足，是促进树木萌芽、开花、新梢生长和提高坐果率的有效措施。同时还可防止春寒和晚霜的危害。盐碱地区早春灌水后进行中耕，还可以起到压碱的作用。花前灌水可在萌芽后结合花前追肥进行，具体时间因地、因树种而异。

②花后灌水。多数树木在花谢后半个月左右是新梢迅速生长期，如果水分不足，则抑制新梢生长，观果树木此时如缺水则大量落果。此时进行灌水可促进新梢和叶片生长，扩大同化面积，提高坐果率和增大果实，同时对后期的花芽分化有一定的促进作用。没有灌水条件的地区，应积极做好盖草、盖沙等工作，尽量保持土壤墒情。

③花芽分化期灌水。此次灌水对观花、观果的树木非常重要，因为树木多在新梢生长缓慢或停止生长时，花芽开始形态分化，此时也是果实迅速生长期，都需要较多的水分与养分，若水分不足，则影响果实生长和花芽分化。因此，在新梢停止生长前及时而适量地灌水，

可促进春梢生长而抑制秋梢生长，利于花芽分化及果实发育。

3. 灌水量

最适宜的灌水量，应为在一次灌溉中，使树木根系分布范围内的土壤湿度达到最有利于树木生长发育的程度。只浸润表层或上层根系分布的土壤，不能达到灌水的要求，且由于多次补充灌溉，容易引起土壤板结和土温下降，因此必须一次灌透，切忌表土打湿而底土仍干燥。一般对于深厚的土壤，需要一次浸湿 1 米以上的土层；浅薄土壤，经过改良也应浸湿 0.8~1.0 米。适宜的灌水量一般以达到土壤最大田间持水量的 60%~80% 为宜。如果安装张力计，不必计算灌水量，其灌水量和灌水时间均可由张力计读数确定。

灌水量同样受多方面的因素影响：树种、品种、砧木，以及土质、气候条件、植株大小、生长状况等，都与灌水量有关。

（1）根据土壤的持水量、灌溉前的土壤湿度、土壤容重、要求土壤浸湿的深度计算灌水量

灌水量=灌溉面积×土壤浸湿深度×土壤容重×（田间持水量−灌溉前土壤湿度）

灌溉前的土壤湿度，每次灌水前均需测定，土壤浸湿深度、土壤容重、田间持水量等可数年测一次。

在实际应用中，通过上述公式计算出灌水量，还可根据树种、品种、不同生命周期、物候期、间作物，以及日照、温度、风、干旱期持续的长短等因素，进行适当调整。

（2）根据树木的耗水系数计算灌水量

这种方法是通过测定植物蒸腾量和蒸发量计算一定面积和时期内的水分消耗量从而确定灌水量。水分的消耗量受温度、风速、空气湿度、太阳辐射、植物覆盖、物候期、根系深度及土壤有效含水量的影响。耗水量的近似值可以从平均气象资料、园林树木的经验常数、植物总盖度及蒸发测定值等估算。耗水量与有效水之间的差值，就是灌水量。

4. 灌水的方式和方法

为了实现更加高效的灌水目的，灌水时期、用量和方法是必须考虑的因素。如果仅注意灌水时间和灌水量，但方法不当，常不能获得灌水的良好效果，甚至带来严重危害。因此，灌水方法是树木灌水的一个重要环节。随着科技的发展，树木灌水方法不断得到改进，特别是向机械化方向发展，使灌水效率大幅提高。城市树木的灌水方法因其配置方式或规模而有所不同，主要有以下几种：

（1）盘灌

盘灌是指以干基为圆心，在树冠投影的地面筑埂围堰，形似圆盘，在盘内灌水，水深 15~30 厘米，以树冠滴水线为准，但实际工作中则视具体操作难度而定。灌水前应先在盘内松土，便于水分渗透，待水渗完后，铲平围埂，松土保墒，如能覆盖则效果更好。

盘灌用水较经济，但浸湿土壤的范围较小，由于树木根系分布范围通常可比冠幅大 1.5~2.0 倍，因此离干基较远的根系难以得到水分供应，同时还有破坏土壤结构、使表土板结的缺点。

（2）穴灌

穴灌是指在树冠投影外侧挖穴，将水灌入穴中，以灌满为度。穴的数量依树冠大小而定，一般为 8~12 个，直径 30 厘米左右，穴深以不伤粗根为准，灌后将土还原。干旱期穴灌，也可长期保留灌水穴而暂不覆土。现代先进的穴灌技术是在离干基一定距离，垂直埋置 2~4 个直径 10~15 厘米，长 80~100 厘米的砖蕊管或瓦管等永久性灌水设施。若为瓦管，管壁布满许多渗水小孔，埋好后内装碎石或炭末等填充物，有条件时还可在地下埋置相应的环管并与竖管相连。灌溉时从竖管上口注水，灌足以后将顶盖关闭，必要时再打开。这种方法用于地面铺装的街道、广场等的树木灌溉，十分方便。

这种方法用水经济，浸湿根系范围的土壤较广而均匀，不会引起土壤板结，特别适用于水源缺乏的地区。

（3）沟灌

成片栽植的树木，可每隔 100~150 厘米开一条深 20~25 厘米的长沟，在沟内灌水，慢慢向沟底和沟壁渗透，达到灌溉的目的。灌溉完毕将沟填平。

沟灌能够比较均匀地浸湿土壤，水分的蒸发与流失量较少，可以做到经济用水，防止土壤结构的破坏，有利于土壤微生物的活动，还可减少平整土地的工作量及便于机械化耕作等。因此，沟灌是地面灌溉的一种较合理的方法。

（4）漫灌

在地面平整、树木成片栽植的情况下可分区筑埂，在围埂范围内放水淹没地表进行灌溉，待水渗完后，挖平土埂，松土保墒。这种方法不但浪费水源和劳力，而且容易破坏土壤结构，导致表土板结，应尽量避免使用。

（5）喷灌

喷灌包括人工降雨及树冠喷水等。人工降雨是灌溉机械化中较为先进的一种技术，但需要人工降雨机及输水管道等全套设备。这种灌水方法有如下优点：一是不会产生深层渗透和地表径流，在渗透性强、保水性差的沙土上使用，可有效节约用水；二是减少对土壤结构的破坏，可保持原有土壤的疏松状态；三是可以调节绿化区的小气候，减少高温、干风对树木的危害，有利于生理代谢，提高绿化效果；四是可与施肥、喷药及使用除草剂结合进行；五是对土地的平整程度要求不高，地形复杂的地段也可采用。但是喷灌也可能造成树木感染白粉病和其他真菌病害，有易受风力影响、喷洒不均和成本过高等缺点。

（6）滴灌

滴灌是近年发展起来的机械化与自动化的先进灌溉技术，是以水滴或小水流缓慢施于植物根区的灌水方法。滴灌的优点主要有：一是节约用水，该法仅湿润树木根部附近的土层和表土，因此可大大减少水分蒸发；二是节约劳力，滴灌系统可全部自动化，将劳力减至最低限度，并可适用于各种地形；三是有利于树木生长发育，滴灌能经常对根区土壤供水，均匀地保持土壤湿润，同时可保持根区土壤的良好通气，如结合施肥还可不断地供给根系养分。滴灌可为树木创造最适宜的土壤水分、养分和通气条件，促进树木根系及枝叶生长，有利于树木生长、结果。

滴灌的主要缺点是：需要管材较多，投资较大；管道及滴头容易堵塞，要求严格的过滤设备；不能调节小气候，不适于冻结期间应用；在自然含盐量较高的土壤中使用滴灌，容易引起滴头附近土壤的盐渍化，造成根系的伤害。

滴灌的时间、次数及用量，因气候、土壤、树种、树龄而异。如以达到浸润根系分布的土层为目的，特别是深土层，可以每天进行滴灌，也可以隔几天进行一次。灌水量应以根系浸润为宜。

（7）地下灌溉

地下灌溉是利用埋在地下的多孔管道输水，水从管道的孔眼中渗出，浸润管道周围的土壤。用此法灌水不致流失水分或引起土壤板结，便于耕作，节约用水，较地面灌水优越，但要求设备条件较高，在碱性土壤中需注意避免"泛碱"。

5. 灌水中应注意的事项

（1）要适时适量灌水

灌溉一旦开始，要经常注意土壤水分的适宜状态，保证灌足、灌透。如果该灌不灌，则会使树木处于干旱环境中，不利于吸收根的发育，也影响地上部分的生长，甚至造成旱害；如果小水浅灌，次数频繁，则易诱导根系向浅层发展，降低树木的抗寒性和抗风性。另外，也不能长时间超量灌溉，否则会造成根系的窒息。

（2）干旱时追肥应结合灌水

在土壤水分不足的情况下，追肥以后应立即灌溉，否则会加重旱情。

（3）生长后期适时停止灌水

除特殊情况外，9月中旬以后应停止灌水，以防树木徒长，降低树木的抗寒性，但在干旱寒冷的地区，冬灌有利于越冬。

（4）灌溉宜在早晨或傍晚进行

早晨或傍晚蒸发量较小，而且水温与地温差异不大，有利于根系的吸收。不要在气温最高的中午前后进行土壤灌溉，更不能用温度低的水源（如井水、自来水等）灌溉，否则树木地上部分蒸腾强烈，土壤温度降低，影响根系的吸收能力，导致树体水分代谢失常而受害。

（5）重视水质分析

利用污水灌溉需要分析水质，如果含有有害盐类和有毒元素及其他化合物，应处理后使用，否则不能用于灌溉。此外，用于喷灌、滴灌的水源，不应含有泥沙和藻类植物等，以免堵塞喷头或滴头。

三、城市树木排水

排水是防涝保树的主要措施。土壤水分过多，则氧气不足，根系呼吸受到抑制，吸收机能减退。严重缺氧时，根系进行无氧呼吸，容易积累酒精使植物蛋白质凝固，引起根系死亡。在地势平坦、低洼积水以及土壤通透性较差的地方，应该注意及时排水。特别是对耐水力差的树种更应及时排水。

排水方法主要有以下几种：

1. 明沟排水

在树旁纵横开浅沟，内外连通，以排积水。如果是成片栽植，则应全面安排排水系统。

2. 暗沟排水

在地下铺设暗管或用砖石砌沟，借以排除积水，其优点是不占地面，但设备费用高，一般使用较少。

3. 地面排水

目前大部分绿地是采用地面排水至道路边沟的办法，这种方法最经济，但需要精心设计安排。

总之，上述所有排水方式都应尽可能与城市排水系统连接起来，并要防止任何造成排水系统堵塞的可能性。

第四章
城市树木灾害防治

一、自然灾害防治

1. 冻害

冻害是指气温在 0℃ 以下，树木器官、组织、细胞结冰所引起的伤害。在 0℃ 以下，树木组织形成冰晶以后，温度每下降 1℃，其压力增加 12 帕，在 -5℃ 时约增加 60 帕。一方面，随着温度的继续降低，冰晶不断扩大，致使细胞进一步失水，细胞液浓缩，细胞发生质壁分离现象，原生质脱水，蛋白质沉淀；另一方面，压力的增加，促使细胞膜变性和细胞壁破裂，植物组织损伤，导致树木明显受害，其受害程度与组织内水的冻结和冰晶融解速度紧密相关，速度越快，受害越重。

（1）溃疡

溃疡是指低温下树皮组织的局部坏死。这种冻伤一般只限于树干、枝条或分杈等某一特定的较小范围。受冻部分最初微微变色下陷，不易察觉，用力挑开可发现皮部已经变褐，其后逐渐干枯死亡、裂开和脱落。这种现象在经历一个生长季后十分明显，如果受冻之后，形成层尚未受伤，可以逐渐恢复。

多年生枝杈，特别是主枝基角内侧，进入休眠较晚，位置荫蔽而狭窄，疏导组织发育较差，易遭受积雪冻害或一般冻害。

树木根颈附近的内皮层和形成层停止生长最迟，成熟比枝条晚。如果在组织充分木质化前出现低温也会遭致冻害，其伤害范围可能只局限于一侧，也可能绕根颈扩大，造成环带型损伤。根颈冻害对植株危害很大，常引起树势衰弱或整株死亡。

在成熟枝条的各种组织中，以形成层最抗寒，皮层次之，而木质部、髓部最不抗寒。因此，轻微冻害只表现髓部变色，中等冻害时木质部变色，严重冻害时才会冻伤韧皮部。若形成层变色，枝条就会失去恢复能力。在生长期中，形成层抗寒力最差。成熟度较差或抗寒锻炼不够的枝条，冻害可能加重，尤以先端木质化程度较低的部分更易受冻。轻微冻害髓部变色；冻害严重，枝条脱水干缩，甚至从树干外围向内的各级枝条都可能冻死。枝条受冻伤常与冻旱或者抽条同时发生，但前者表现为组织明显变色，后者则主要表现为枝条干缩。由0℃以下低温引起的这种局部损伤或冻瘤在槭树和二球悬铃木上比较普遍，且主要局限于树干的南向和西南向。冻伤区域由于太阳光的照射，又可能发生灼伤危及形成层而形成界限明显的伤斑。

树木根组织虽不如茎组织充实且无明显的休眠期，但因受到土壤的保护，冬季受害较少。然而土壤一旦冻结，许多细小的根系就会遭到冻害。根系受冻变褐，皮层易与木质部分离。一般粗根较细根耐寒；表层根系因土壤温度低、变幅大而易受冻害；疏松的土壤含水量少，热容量低，易受温度的影响，其中根系受冻害的程度比潮湿的土壤严重；新栽树木或幼树的根系分布浅，细根多，易受冻害。根系受冻害后树木发芽晚，生长弱，待发出新根以后才能恢复正常生长。在根系易受冻害的地区，适当深栽，地面覆盖，选择抗寒砧木以及受伤树木的修剪等，可以使冻害得到一定程度的缓解。

（2）冻裂

在气温低且变化剧烈的冬季，树木易发生冻裂。受冻以后，树皮和木质部发生纵裂，树皮常沿裂缝与木质部分离，严重时还向外翻卷；裂缝大时可以插入一只手，沿半径方向扩散到树木中心，甚至超过中心。

　　冻裂最易发生在温度起伏变化较大的时候。由于温度突然降至0℃以下冻结，使树干表层附近细胞的水分不断外渗，导致外层木质部干燥、收缩；同时又由于木材的导热性差，内部的细胞仍然保持较高的温度和较多的水分而几乎不发生干燥或木材的收缩。因此，木材内外收缩不均引起巨大的弦向张力。这种张力终将导致树干的纵向开裂而消失。树干冻裂常常发生在夜间，随着温度的下降，裂缝可能增大，但随着温度的升高，结冰组织解冻，吸收较多的水分后又能闭合。开裂的心材不会完全闭合，由于愈合组织的形成而被封在树体内部。如果裂缝开始闭合时不进行支撑加固，则可能随着冬天低温的到来又会重新张开。这样重复的开裂与愈合。终将导致裂缝肿脊的形成。对于冻裂的树木，可按要求对裂缝进行消毒和涂漆，在裂缝闭合时，每隔30厘米弦向安装螺丝或螺栓固定，以防再次张开。

　　冻裂一般不会直接引起树木的死亡，但是由于树皮开裂，木质部失去保护，容易招致病虫，特别是木腐菌的危害，不但严重削弱树木的生活力，而且造成木材腐朽形成树洞。

　　冻裂多发生在树木的西南向。因为这一方向受太阳辐射，加热升温快，夜间突然降温，温度变幅较大。

　　一般落叶树的冻裂比常绿树厉害，如苹果属、椴树属、悬铃木属、七叶树属的某些种、鹅掌楸属、胡桃属和柳属等受害严重。孤植树的冻裂比林植树敏感；旺盛生长年龄段的树木和幼树比老龄树敏感；生长在排水不良土壤上的树木也易受害。

　　此外，还有一种轮裂，又称杯状环裂，是指树木在低温之后的剧烈升温所引起的径向开裂。它与冻裂降温失水的过程相反，是在低温以后，树干外部组织在太阳照射下突然加热升温，使这些组织的膨胀比内面组织快，导致木质部沿某一年轮开裂。

　　（3）冬日晒伤

　　冬季和早春，在树干向南的一侧，结冻和解冻交互发生，有时可发展成数十厘米长的伤口。日落后茎的迅速解冻是冬日晒伤裂口的主要原因。由于成块的树皮枯死脱落露出木质部，成为病虫容易侵袭的溃疡。老龄和皮厚的树木几乎没有冬日晒伤。冬日晒伤常发生于日夜温差较大的树干向阳面。因为向阳与不向阳的树木组织温度差异较大，同一树干南北两侧树皮的温差可达 28~30℃。冬日晒伤多发生在寒冷地区的树木主干和大枝上。树干遮阴或涂白可减少伤害。

（4）冻拔与冻旱

冻拔又称冻举，是指温度降至 0℃ 以下，土壤冻结并与根系联为一体后，由于水结冰体积膨胀 1/10，使根系与土壤同时抬高。解冻时，土壤与根系分离，在重力作用下，土壤下沉，苗木根系外露，似被拔出，倒伏死亡。冻拔多发生在土壤含水量过高、质地黏重的立地条件。冻拔还与树木的年龄、扎根深浅有很密切的关系。树木越小，根系越浅，受害越严重，因此幼苗和新栽幼树最易受害。

冻旱又称干化，是一种因土壤冻结而发生的生理干旱。在寒冷地区，虽然土壤含有足够的水分，但由于冬季土壤结冻，树木根系很难从土壤中吸收水分，而地上部分的枝条、芽、叶痕及常绿树木的叶子仍进行着蒸腾作用，不断地散失水分。这种情况延续一定时间以后，最终因水分平衡的破坏而导致细胞死亡，枝条干枯，甚至整个植株死亡。

常绿树由于叶片的存在，遭受冻旱的可能性较大。在一般情况下，杜鹃、月桂、冬青、松树、云杉和冷杉类的树种，在极端寒冷的天气很少发生冻旱，然而在冬季或春季晴朗时，常有短期明显回暖的天气，树木地上部分蒸腾加速，土壤冻结，根系吸收的水分不能弥补丧失的水分而遭受冻旱危害。杜鹃属和其他常绿阔叶树对冻旱的伤害特别敏感。在冻旱发生的早期，常绿阔叶树的叶尖和叶缘焦枯，受影响的叶片颜色趋于褐色而不是黄色。在常绿针叶树上，针叶完全变褐或者从尖端向下逐渐变褐，顶芽易碎，小枝易折。

2. 霜害

由于温度急剧下降至 0℃ 甚至更低，空气中的饱和水汽与树体表面接触，凝结成冰晶（霜），使幼嫩组织或器官产生伤害的现象称为霜害，多发生在生长期内。

根据霜冻发生时的条件与特点不同，可分辐射霜冻、平流霜冻和混合霜冻三种类型。辐射霜冻延续时间短，一般只是早晨几个小时，一般降温至-2～-1℃，较易预防。平流霜冻是寒流直接危害的结果，涉及范围广，延续时间长，有时可达数夜之久，降温剧烈，可达-5～-3℃，甚至达-10℃，一般防霜措施的效果不大，但不同小气候之间差异很大。有时平流霜冻和辐射霜冻同时发生则危害更重。

根据霜冻发生的时间及其与树木生长的关系，可以分为早霜和晚霜。早霜又称秋霜，是因凉爽的夏季并伴随以温暖的秋天，使生长季推迟，树木的小枝和芽不能及时成熟，木质化程度低而遭初秋霜冻的危害。秋天异常寒潮的袭击也可能导致严重的早霜危害，甚至使无数乔灌木致死。晚霜又称春霜，是指树木萌动以后，气温突然下降，导致阔叶树的嫩枝和叶片萎蔫、变黑和死亡，针叶树的叶片变红和脱落。春天，当低温出现的时间延迟时，新梢生长量最大，伤害最严重。由于霜穴（袋）的缘故，生长在低洼地或山谷的树木比生长在较高处的树木受害严重。

早春的温暖天气，使树木过早萌发生长，最易遭受寒潮和夜间低温的伤害。黄杨、火棘和朴树等对这类霜害比较敏感。当幼嫩的新叶被冻死以后，母枝的潜伏芽或不定芽发出许多新枝叶，但若重复受冻，终因贮藏的碳水化合物耗尽而引起整株树木的死亡。

春季初展的芽很嫩，容易遭受霜害，但是温度下降幅度过大也能杀死没有展开的芽。园艺学家们发现，树木芽对霜害的敏感性与芽在春天的膨大程度有关。芽越膨大，受春霜冻死的机会越多。

南方树种引种到北方，以及秋季对树木施氮肥过多，尚未进入休眠的树木易遭早霜危害；北方树木引种到南方，由于气候冷暖多变，春霜尚未结束，树木开始萌动，易遭晚霜危害。一般幼苗和树木的幼嫩组织容易遭受霜冻。

树木受低温的伤害程度还决定于自身的抗寒能力，而抗寒性的大小，主要取决于树体内含物的性质和含量。抗寒性一般是和树木体内的可溶性碳水化合物、自由氨基酸甚至核酸的含量成正相关。因此，不同树种或同一树种不同的发育阶段及其不同器官和组织，抗寒能力有很大差别。

热带树木,如橡胶、可可、椰子等,当温度在 2~5℃时就受到伤害;而原产东北的山荆子却能抗-40℃的低温。同为柑橘类树木,柠檬抗低温能力最弱,-3℃即受害;甜橙在-6℃,温州蜜橙在-9℃受冻;而金柑的抗性最强,在-11℃时才受冻。树木在休眠期抗寒性最强,生殖阶段最弱,营养生长阶段居中。花比叶易受冻害,叶比茎对低温敏感。一般实生起源的树木比分生繁殖的树木抗寒性强。

霜冻预防措施:一是正确选择园地,防止霜冻。选择空气通畅、地势较高的丘陵、斜坡地和阳坡地,以防冷空气沉积造成霜害。二是选择抗寒品质,抵御霜冻。在品种选择上,应选择抗寒性能好、适应气温波动能力强、开花期晚的品种。三是推迟萌动期。利用药剂或激素处理,延长植物的休眠期。或在早春灌返浆水、树干涂白等来防霜。四是创造良好的小气候。如根据气象台的霜冻预报及时采取防霜冻措施,采用喷水法、熏烟法和遮盖法等。此外,利用大型吹风器增加空气流动,将冷空气吹散,或放置加热器,都可以起到防霜作用。

如果部分树木已遭遇霜冻的危害,为减少灾害造成的损失,可进行叶面施肥。叶面施肥可以增加细胞内含物浓度,疏通叶片的输导组织,对防霜护树和尽快恢复树势效果较好。霜冻过后树木的水肥供应应适时、适量,加强养护管理。

3. 雪害和雨凇

降雪是我国北方地区常见的一种天气现象,它既能给冬春干旱寒冷的大地增加水分,也能给树体及生长发育造成危害。树体越冬期间,降雪量较大的地区,常因树冠上积雪过多而使大枝被压裂或压断。一般而言,常绿树种比落叶树种受害严重,单层纯林比复层混交林受害严重。此外,融雪期的时融时冻交替变化,冷热不均易引起冻害。

常见防护方法有以下三种:

①在积雪易成灾的地区,应在雪前给树木大枝设立支柱。

②枝条过密者应进行适当修剪。

③在雪后及时震落积雪,扶正受压的枝条,扫除树干周围的积雪防止雪害。

4. 涝害和雨害

树木在生长过程中需要大量水分，但土壤水分过多或过高反而会破坏植物体的水分平衡，影响植物的正常生理生长，即为水涝。引起涝害的主要原因有土壤排水不良、长期阴雨、江河泛滥、台风暴雨等。树木被水淹后，轻者出现叶片萎蔫、黄叶、落叶、落果、裂果，有的发生二次枝、二次花；根系对水分的吸收速率下降，叶片气孔关闭且蒸腾作用降低；细根因窒息而死亡，并逐渐涉及大根，出现朽根现象。如果水淹时间过长，羧化酶活性逐渐降低，皮层易脱落，木质变色，树冠出现枯枝或叶片失绿等现象，严重时树势下降，树木组织相继发生大面积不可逆的伤害，甚至全株枯死。

涝害对不同植物的伤害程度不同。有的乔木植物根系可以同时进行有氧呼吸和厌氧呼吸，受涝害的伤害程度低，如桑树等；有的乔木是深根性植物，所受涝害程度相对要低，如黄连木、香樟；有些树木原本就属于耐水性树种，能耐3个月以上的深水浸淹，水退后能正常生长或略见衰弱，输液有变黄和落叶现象，有的枝梢枯萎，如垂柳、池杉、垂丝海棠等。而不耐水植物，水仅浸淹地表或一部分根系或大部分根系时，经过不到一周的短暂时间即枯萎，而没有恢复生长可能，如泡桐、栾树等。因此，一旦发生涝害，应尽可能在短时间内排出积水，减小涝害对树木的伤害。

城市建设中的市政排水管网设计能够容纳并排解一定的雨水，但雨水排水系统不可能完全适应特别激烈的强对流天气。如果突然出现台风暴雨，城市的排水系统有可能在短时间内无法满足大量雨水的排放，极易引起雨害。无论是涝害还是雨害，都会引起树木对土壤中过量水分的代谢失调。

（1）涝害和雨害的防治措施

①规划设计时，尽量利用地形。地势低的地方挖湖或建水池，或者填土、耙平，或者做微地形。在低洼易积水或地下水位过高的地段，栽植树木前必须修好排水措施。

②在雨季到来之前做好排水沟清淤工作，检查水管排水是否完好，确保在必要时能够顺畅排出过多的雨水。

③选用抗涝性强和耐水湿的树种，在低洼地或地下水位过高的地段适当少种常绿树。

（2）涝灾发生后的养护管理

①及时、及早地排除积水，使树木恢复原状。

②翻土晾晒。及时中耕松土，防治涝灾后的土壤板结，改善土壤的水、气、热供给状况。

③遮阴。及时给受涝的植物遮阴，尤其是极不耐水淹植物。遮阴可以避免强光照射，防止地表升温过高，减少地上部分水分蒸腾作用，减少受损根部的压力。

④修剪。对地上部分进行短截或者疏剪，减少水分和养分的消耗。留下强壮有效枝条，使养分集中供养，促进栽后植物重新抽芽和有效枝条的生长。

⑤加强树体保护。灾后及时防治病虫害，随时注意城市林业和农业部门的病虫害播报。对涝害引起的根部病害，首先要寻找病根，对整条烂根要从根部锯除并烧毁，然后用药剂灌根。

⑥综合管护。必要时采取缠干、涂白等保护措施。

5. 旱害

城市树木受到干旱的概率较大，尤其在北方干燥少雨的气候环境下，受害程度有时很深。植物旱害有自然条件引起的大气干旱、土壤干旱，还有植物本身的生理条件所引起的生理干旱。干旱对树木的影响通常可以用肉眼进行判断，通常可以观察到植株部分敏感器官萎蔫。萎蔫的实质是因缺水导致树木代谢过程受阻，如光合作用抑制、呼吸作用减慢、蛋白质分解、脯氨酸积累、核酸代谢受阻、激素代谢途径改变等。干旱会造成树木生长不正常，加速树木的衰老，缩短树木的寿命。春旱不雨，会延迟树木的萌芽与开花的时间，严重时发生抽条、日灼、落花、落果和新梢过早停止生长以及早期落叶等现象，严重地影响了园林树木的观赏效果。

树木严重受旱以后，虽然部分树木在灌溉等抗旱措施下能够存活，但也会表现出受害的症状，多为枝叶大量枯死。当枝梢枯死达到一定程度，会导致树木的部分须根死亡，如果未及时处理枯死的枝梢，容易进一步出现病菌滋生，使得树干染病，危害主枝、主干，严重影响树势的恢复，翌年春天的新梢抽发也会受到影响。

防止干旱的措施：开发水源，修建灌溉系统，及时满足树木对水分的要求；选用抗旱性强的树种、品种；营造防护林；养护管理中及时采用中耕、除草、培土、覆盖等措施。

对于已经发生的给水不足或旱害，应及时处理干枯枝，防止真菌病害危害主枝、主干。剪除部分活分枝上的枯枝时不得留有桩头，若剪口较大还应该用杀菌剂处理伤口，防治真菌危害。杀菌剂可用85%代森锌可湿性粉剂500倍液、70%甲基硫菌灵可湿性粉剂500~700倍液或50%多菌灵可湿性粉剂。旱害过后的树木应采用先少后多的方式逐渐加大灌水量，让土壤结构恢复正常。此外，还应进行低浓度的叶面施肥以减少因树木根系吸收能力和枝叶光合作用下降而造成的树体营养缺乏。为保证景观效果，对于旱害过后的死树应及时清理，并按规划设计及时补种。最后，旱害区域的枯枝落叶应进行清理，防治病虫害于此越冬。

6. 抽条

抽条又称灼条或者烧条，是指树木越冬以后，枝条脱水、皱缩、干枯的现象。抽条实际上冻旱造成的现象。引起抽条的原因包括冻伤、冻旱、霜害、寒害及冬日晒伤等。抽条的发生与树种、品种有关，如南树北种就有可能不适应北方冬季寒冷干旱的气候而发生抽条；同一树种不同品种的抽条情况也不一样。此外，抽条与枝条的成熟度、养护管理状况有关，枝条组织生长得健壮则抗性强，枝条组织生长得不充实，则容易发生抽条。受害枝条在冬季低温下即开始失水、干缩，但最初程度较轻，皮层和木质部很少变色，而且可随着气温的升高而恢复。大量失水抽条不是在严寒的1月，而是发生在气温回升、干燥多风、地温低的2月中旬至3月中下旬。

防止抽条的措施：

①合理应用施肥管理措施，使枝条组织充实。前期加肥水，促进枝条生长，后期控制肥水，防止后期徒长，促进枝条成熟，增强其抗性，即"促前控后"的措施。

②加强秋冬养护管理，消除冻旱影响。对幼树采用埋土防寒，即把苗木地上部分向北卧倒，然后培土防寒，既可保湿减少蒸发，也可防止冻伤。

③植株较大不易卧倒的幼树，可在树干西北面培一个半月形土埂（60厘米高），使南面充分接受阳光，改变微域小气候条件，提高地温。

④在树干的周围撒布马粪，可增加土温，提早解冻，或于早春灌水，增加土壤温度和水分，均有利于防止或减轻抽条。

⑤在秋季对幼树枝干缠纸、缠塑料薄膜或喷胶膜、涂白等，对于防止浮尘子产卵和抽条现象的发生有一定的作用。

7. 风害

城市树木遭受风害，主要表现在风倒、风折或者树杈劈裂上。在多风的地区常见树木出现偏冠或偏心的现象。偏冠会给树木整形修剪带来困难，影响树木功能作用的发挥；偏心的树木易遭受冻害和日灼，影响树木的正常生长发育。春季的旱风、东南沿海的台风以及阵发性的大风，都会对城市树木造成严重的损害。

风在城市中的流动多表现为水平方向。对城市树木而言，风是一种重要的环境因子，直接影响树木周围环境的温度、湿度和空气污染物的浓度。在城市中主要有水体风、建筑皮面风、峡谷风（过堂风）和焚风等。其中峡谷风对城市树木形成的影响较大。城市中的峡谷风是由于大规模气流由开阔地区进入城市，遇到建筑群的阻挡，形成和自然地貌相似的峡谷、隘口等，当空气进入骤然变窄的通道时，气流加速而形成强风。峡谷风通常不是很寒冷就是很热，两种极端温度的风则成为焚风。这些由城市建筑影响形成风的减速或加速，都会加重热害、旱害和寒害。

不同的树种抗风力不同，通常树高、冠大、叶密、根浅的树种抗风力弱，如刺槐、悬铃木；与此相反特点的树种则抗风力较强，如乌桕、垂柳等。另外，树体的健壮程度、组织构造不同，对风害的承受力也不同，一般机械组织不发达、髓心大、速生树种以及受蛀干虫危害的枝干易遭受更多的风害。

风害的防治主要有以下几种措施：

①合理整形修剪。正确的整形修剪，可以调整树木的生长发育，保持优美的树姿，做到树形、树冠不偏斜，冠幅体量不过大，叶幕层不过高和避免 V 形杈的形成。

②树体的支撑加固。在易受风害的地方，特别是在台风和热带风暴来临前，在树木的背风面用竹竿、钢管、水泥柱等支撑物进行支撑，用铁丝、绳索扎缚固定。

③选择抗风树种。易遭风害的地方尤应选择深根性、耐水湿、抗风力强的树种，如悬铃木、枫杨、无患子、香樟和枫香等。在保持园林原貌的基础上，为提高树木抵御自然灾害的能力，应根据不同的地域、不同级别的道路，因地制宜选择或引进各种抗风力强的树种。

④已遭受风害的树木，应根据受害情况及时维护。及时扶正和养护风倒树木，将折断的根加以修剪，填土压实。对裂枝要顶起或吊起，捆绑基部上面，涂药膏促进其愈合，并加强水肥管理促进树势的恢复。对难以补救者加以淘汰，并适时重新栽植新株。

8. 日灼

日灼又称日烧，是由太阳辐射热引起的生理病害。日灼因发生的时间不同，有冬春日灼和夏秋日灼两种。冬春日灼是冻害的一种，多发生在寒冷地区的树木主干和大枝上，且常发生在日夜温差较大的树干向阳面，因为白天太阳照射，冻结细胞解冻并处于活跃状态，夜间温度又急剧下降，细胞又冻结，这种冻融交替使皮层细胞受破坏而造成日灼。日灼部位开始时树皮变色，横裂成块状斑，危害严重时韧皮部与木质部脱离，急剧受害时树皮凹陷，日灼部位逐渐干枯、裂开或脱落，枝条死亡。在夏秋季，由于温度高，水分不足，蒸腾作用减弱，致使树体温度难以调节，造成树干的皮层或果实的表面局部温度过高而灼伤，严重者引起局部组织死亡。

幼树修枝过重，主干暴露，因皮层薄很易在夏季受高温伤害发生日灼，受伤后不能愈合，极易再感染真菌病害。对此类树木如泡桐、七叶树等修剪时，应注意向阳面保留枝条，有叶遮阴，这样做有利于降低日晒程度，可以避免日灼发生。

根据高温对树木伤害的规律，可采取以下措施：

①选择抗性强的树种。选择耐高温、抗性强的树种或品种栽植。

②栽植前的抗性锻炼。在树木移栽前加强抗性锻炼，如逐步疏开树冠和庇荫树，以便适应新的环境。

③保持移栽植株较完整的根系。移栽时尽量保留比较完整的根系，使土壤与根系密接，以便顺利吸水。

④树干涂白。树干涂白可以反射阳光，缓和树皮温度的剧变，对减轻日灼和冻害有明显的作用。涂白多在秋末冬初进行。涂白剂的配方为：水72%，生石灰2.2%，石硫合剂和食盐各3%，将其均匀混合即可涂刷。如夏末的苹果树干，阳光直射处昼夜温差达18℃，阴面只有8.5℃；最高温度分别为23.5℃和14℃，相差9.5℃。涂白后效果显著，树干降温总量依次为南21.6℃、东3.6℃、西13.5℃、北3.8℃。南面最高温度降至14.5℃，已接近北面，说明涂白可以明显缓和温度的变化，可以起到防止日灼的作用。此外，树干缚草、涂泥及培土等也可以防止日灼。

⑤加强树冠的科学管理。在整形修剪中，可适当降低主干高度，多留辅养枝，避免枝、干的光秃和裸露。在需要去头或重剪的情况下，应分2~3年进行，避免一次透光太多，否则应采取相应的防护措施。在需要提高主干高度时，应有计划地保留一些弱小枝条自我遮阴，以后再分批剪除。必要时还可给树冠喷水或抗蒸腾剂。

⑥加强综合管理，促进根系生长，改善树体状况，增强抗性。生长季要特别防止干旱，避免各种原因造成的叶片损伤，防治病虫危害，合理施用化肥，特别是增施钾肥。

⑦加强受害树木的管理。对于已经遭受伤害的树木应进行审慎的修剪，去掉受害枯死的枝叶。皮焦区域应进行修整、消毒、涂漆，必要时还应进行桥接或靠接修补。适时灌溉和合理施肥，特别是增施钾肥，有助于树木生活力的恢复。

9. 雷击

（1）雷击树木的养护

对于遭受雷击伤害的树木应进行适当的处理进行挽救，但在处理之前，必须进行仔细的检查，分析其是否有恢复的希望，否则就没有进行昂贵处理的必要。有些树木尽管没有外部症状，但内部组织或地下部分已经受到严重损伤，不及时处理就会很快死亡。外部损害不大或具有特殊价值的树木应立即采取措施进行救助。

①撕裂或翘起的边材应及时钉牢，应用麻布等物覆盖，促进其愈合或生长。

②劈裂的大枝应及时复位加固和进行合理的修剪，并对伤口进行适当的修整、消毒和涂漆。

③撕裂的树皮应切削至健康部分，也要进行适当的整形、消毒和涂漆。

④在树木根区施用速效肥料，促进树木的旺盛生长。

（2）预防雷击的方法

生长在易遭雷击位置的树木和高大珍稀古树及具有特殊价值的树木，应安装避雷器，消除雷击伤害的危险。

避免雷击危害树木安装避雷器的原理与保护其他高大建筑物安装避雷针的原理相同，主要区别在于所使用的材料、类型和安装方法不同。安装在树上的避雷器必须用柔韧的电缆，并应考虑树干与枝条的摇摆和随树木生长的可调性。垂直导体应沿树干用铜钉固定。导线接地端应连接在几个辐射排列的导体上。这些导体水平埋置在地下，并延伸到根区以外，再分别连接在垂直打入地下长约2.4米的地线杆上。以后每隔几年检查一次避雷系统，并将上端延伸至新梢以上，进行某些必要的调整。

二、人为灾害防治

1. 煤气、天然气对树木的危害与防治

城市燃气管网一般埋设在城市道路下，由于自然灾害、施工不当、

设施老化或维护不及时等原因造成燃气管网中存在泄漏事故隐患。当燃气发生泄露时，扩散边界的沿线树木生长将受到严重危害。

管道泄漏后，干燥的天然气在扩散时带走了土壤中的水分，使土壤含水量急剧下降；天然气中甲烷约占82%，而甲烷被土壤中的某些细菌氧化会变成二氧化碳和水，使得树木生长的土壤通气条件恶化，危害树木生长。

（1）煤气泄漏对树木危害的诊断

嗅觉诊断法：利用煤气具有特殊的气味，其泄漏达一定的浓度时会有股强烈的气味，同时结合树木的症状加以判断。

指示植物诊断法：番茄植株比人的鼻孔更敏感，在可疑区域挖一个深于60厘米的大洞，并在洞内放一盆番茄苗，盖住洞口24小时，如有煤气泄漏，植物的茎会向下弯曲。也可以用香豌豆、石竹等植物作为指示植物，通常煤气会阻止芽开放，并会造成已开放的花重新闭合。

（2）煤气伤害的补救措施

发现泄漏要及时修好泄漏的管道。修好以后，最好用加压器以0.7~1兆帕向土壤中压入空气，深度为0.6~1米。这一工作必须细致进行，要防止天然气和空气混合后发生爆炸。同时要在土壤中钻孔，放入通气管，以利于空气进入土壤，使土壤中氧气的含量恢复到12%~14%才能种植。在疏松的沙质土壤中，泄漏的天然气管道一经修好后，可以马上种植树木。在危害严重的地方，要按50~60厘米的距离打通气孔。对受伤害的树木必须适当施肥，并根据树种的具体要求合理浇水，以利于受伤害的树木慢慢恢复正常生长。

2. 汽车尾气对树木的危害

随着交通运输业的迅速发展，汽车尾气排放已成为我国大城市空气污染的第一污染源。当城市空气中的污染物浓度超过了植物的忍耐限度，即会对植物造成伤害。

（1）危害症状和机理

汽车尾气主要污染物为碳氢化合物、氮氧化合物、一氧化碳、二氧化硫、含铅化合物、苯丙芘及固体颗粒物等。由于各种成分在空气中浓度与延续时间长短不同，对不同植物、不同发育时期的植株体均会造成不同程度的损害。轻则在植物表面上看不出伤害痕迹，但正常的生理活动受到影响，如叶片光合能力的下降、自由基清除系统受到影响等，因受害现象不易被人们察觉，或被认为是由于其他原因所造成而忽略；严重时短期内即在叶面点、片上出现坏死斑，继而造成叶片脱落枯萎、植株死亡。

空气污染可以伤害植物的细胞和细胞器。细胞的膜系统在大气污染的作用下，半透性被破坏，引起水分子和离子平衡失调，造成代谢紊乱。破坏严重时，细胞内分隔作用消失，细胞器崩溃，导致最后死亡。其中膜类脂是污染物的一个主要作用点。空气污染还能对植物体内的酶系统产生影响，进而影响其生化反应，从而导致原有正常代谢平衡的破坏。空气污染对植物组织、器官的危害主要表现为组织坏死和器官脱落。各种污染物对叶片的伤害往往各有特殊的症状，植物接触 SO_2、O_3 等大气污染物以后，体内还常常产生应激乙烯或伤害乙烯，这是造成叶、蕾、花、果实等器官脱落的主要原因。

（2）防治汽车尾气对树木危害的方法

①选择高抗性品种树木。大多数植物对污染物都具有一定的清除能力，只有那些清除能力强的植物才具有实际应用价值。在选择高抗性品种树木的实践中，需广泛调查研究，综合考察树木个体的各项指标，通过验证筛选出一些耐废气、在污染物浓度高和浓度低的污染环境中均有很强的污染物吸收富集能力和很高的修复效率的树种，才能在防治汽车尾气中起到实际应用价值。通常认为对某种污染物吸附性强的植物品种对该种污染物的耐性较差，进一步的研究表明，二者并无如此关系。因此，在选择植物对大气污染物进行净化时，不仅要考虑其对污染物的净化能力，同时也要求其对该污染物有较强的耐性。

②对于已产生汽车尾气污染且症状严重的树木，尤其是名贵树木，要进行移栽抢救。因汽车尾气产生高温、干燥气流及有毒气体，在降雨少的环境，要进行人工灌溉来减小植物受胁迫的程度。对于难以承受汽车尾气危害的名贵树木，需要引起重视并加以抢救，必要时进行

移栽处理。

③加强废气排放的管理，加强城市气体监测工作。在日趋严峻的城市大气污染背景下，加强废气排放管理不仅是保证城市居民空气质量安全的重要举措，也是维护人类生态环境的重要举措。在生物体系中，植物更易遭受大气污染的伤害，植物固定生长的特点使其无法避开污染物的伤害，对大气污染的反应敏感，因此除了采用物理、化学的方法进行环境污染物的检测外，植物检测更能直观地反映环境的污染状况。二氧化硫的敏感植物有油松、紫花苜蓿等，氟化氢的敏感植物有海棠、美人蕉等。根据敏感植物的受害症状即可判断污染物的种类及浓度。

相对于城市大气中有害物质总量而言，植物对各种有害气体的吸收转化作用是有限的，即便在大气环流中的汽车尾气被植物转化了，新的汽车尾气源源不断地产生，因此一方面城市树木在对城市的空气进行净化，另一方面人类应从源头避免或减少污染，防止汽车尾气对城市居民生活和城市树木生长造成更多的影响。

3. 融雪盐对树木的危害

道路积雪、结冰后，为了交通安全常在道路上撒融雪盐以促进冰雪的融化。在美国，1976 年就有 900 万吨盐用于道路与沿街。使用最多的融雪盐是氯化钠（NaCl），约占 95%，少量使用的是氯化钙（$CaCl_2$），约占 5%。冰雪溶化后的盐水无论是溅到树木枝叶还是侵入根区土壤都会对树木造成伤害。

（1）危害症状

受盐危害的树木春天萌动晚、发芽迟、叶片变小、叶缘和叶片有枯斑，呈棕色甚至叶片脱落；夏季可发几次新梢，一年开花两次以上，导致芽的干枯；早秋变色落叶、枯梢甚至整枝或整株死亡。

（2）融雪盐危害的机理

盐分通过水的渗透吸收以及对原生质中特殊离子的作用而对树木造成伤害。盐渗入土壤，造成土壤溶液浓度升高，树木根系从土壤溶液吸收的水分就会减少。0.5% 的氯化钠溶液对水的牵引力为 4.2 帕；

1%的浓度可达 20 帕。树木根系要从这样的溶液中吸收水分就必须有更高的渗透压，否则就会发生反渗透，使树木失水、萎蔫甚至死亡。

氯化钠中的 Cl^- 对植物的毒害作用尚不完全清楚，一般认为无特殊的毒害作用，但 Cl^- 在细胞中的积聚过程会增加吸附离子释放成自由离子的比例，从而引起原生质脱水，造成不可逆转的伤害。也有人认为氯化钠的积聚会削弱氨基酸和碳水化合物的代谢作用。由于钠离子破坏阳离子的平衡而削弱植物的代谢，进一步阻碍根对某些养分（铁、钙、磷）的吸收，并妨碍这些养分在植物体内的运输。最后，由于钠离子被黏粒或腐殖质颗粒吸收，会排除其他正离子（Ca^{2+} 和 Mg^{2+}）而导致土壤结构破坏，使土壤板结，并使土壤缺少水分和空气的不良状况日益恶化。

融雪盐对树木的影响可远达离喷撒处 9 米多的地方。在自然状况下，受害树木要经 8~15 年才能完全恢复其生长势。

（3）防治融雪盐对树木危害的方法

防治融雪盐危害树木主要通过三条途径实现：一是隔离，二是使用无害融雪材料，三是选择或培育耐盐树种或无性系。

①砌高边树坛可以防止融雪盐溶液浸入。这样做对于老树可能相当困难，但对于幼树的效果很好。

②控制盐的喷撒量，绝不要超过 40 克/平方米，也不能超越行车道的范围使用。一般每平方米 15~20 克就足够了。如果一个冬季使用 40 次，每平方米用量达 1 千克，若有 10%被树木吸收，在采取其他预防措施的情况下，对营养良好的健壮植株来说还是可以忍受的。

③开发无毒的氯化钠和氯化钙替代物，如 Ferti - Thaw 和 Tred - Spread 等也能溶解冰和雪而不损害植物，但其花费要比氯化钠昂贵得多。事实上，在城镇大多数树木生长的铺装地上，不像车行道那样急需融雪，铺撒一些粗粒材料如砾石、沙子等即可满足需要。如果确有必要可混入 1/10 的盐。但在树冠投影范围内的地面上应始终保持无盐状态。

④选择耐盐树种或培育耐盐的植株。据观察，一些树种比另一些树种更耐盐，分类如下：

耐盐树种：铅笔柏、野黑樱、白栎、刺槐、黑桦、杨叶桦、黄桦、大齿杨和美国白蜡等。

中等耐盐树种：美国榆、美洲樱、美洲铁木、挪威槭、红花槭和小糙皮山核桃等。

不耐盐树种：山毛榉属、铁杉属、刺松、灰桤木、糖槭和美国五针松等。

对于树种耐盐性的问题及其分类，不同学者有不同的观点，这可能与生态因子的综合影响分不开，各地应根据实际情况认真调查研究得出自己的结论加以应用。一般认为常绿针叶树种对盐的敏感性大于落叶树种，浅根性树种对盐的敏感性大于深根性树种。对盐最敏感的树种有苹果、杏、桃、李、柠檬和桑树等。行道树中几乎所有的椴树属和七叶树属的树种对盐害都非常敏感。

4. 市政工程建设对现有树木的伤害

长期生活在一定立地条件下的树木，已经适应了所处的生态环境，特别是根系与土壤已经形成一种稳定而协调的关系。根系分布也相对集中在一定深度的土层内，从其中获得空气、水分和营养，并能得到微生物活动的有利帮助，使树木得以正常生长和发育。但是如果环境突然变恶劣，就会造成对树木的伤害。市政工程对树木的危害可表现在土壤的填挖、地下与空中管线的架设与维护、煤气的泄漏、输热管道的影响以及融雪盐的使用等，其中以树木立地土壤的填挖与铺装的危害最为常见。

（1）土层深度变化对树木的危害

树木生长中表层土壤厚度的变化对树木生长的影响主要是取土或填土（即挖方或填方）造成危害。

①填方。要判断树木根区是否填充过土壤或其他杂物，首先要看干基是否存在扩张现象。在没有填方的地方，树干地面线处的直径明显大于离地30厘米左右处的直径，树干竖向轮廓线成弧状进入地下。如果干基不扩张，树干以垂直线进入地下，就可以认为根区可能进行过填充，然后用锹挖干基附近的土壤直至根颈处，就可以确定填方的深度与填方物的类型。填方过深的危害往往要在几年以后才能显现。

当人们无法解释树木出现的病态，如生长量减少、某些枝条死亡、树冠变稀和各种病虫害发生等现象时，可能是填土过深所致。填方过深的其他明显症状是树势衰弱，叶小发黄，沿主干和主枝发出无数萌条，许多小枝死亡等。

根区填方过深对树木造成危害的原因主要是填充物阻滞了空气和水的正常运动，根系与根际微生物因窒息而受到干扰，造成对根系的伤害；厌氧细菌的繁衍产生的有毒物质，可能比缺氧窒息所造成的危害更大。由于填方，根系与土壤基本物质的平衡受到明显的干扰，造成根系死亡，地上部分的症状也变得明显。这些症状可能在一个月内出现，也可能几年之后还不明显。

对于不太深的填方，填铺之前应对树木进行松土、施肥、灌水，并选择孔隙度大的基质；对于过深的填方，应采取一定的工程与生物措施。对于填方树木的救助上也应根据填方的深浅来采取不同的方法。对浅填方，应定期翻垦土壤；对中、深填方，应设地下通气排水系统，由此最大限度地减少填方对树木的影响。

② 挖方。挖方对树木的危害比填方相对要小一些，但也因挖掉大量营养物质和微生物的表土层，使大量毛细根群裸露而干枯，表层根系也易受夏季高温炙烤和冬季低温的伤害。根系被切伤和折断以及地下水位提高等都会破坏根系与土壤之间的平衡，降低树木的稳定性。因此，也应尽量避免挖方，实在不可避免时，可在根下开凿隧道铺设管线以减轻伤害。挖方对浅根性树种的影响更为明显，有时会造成树木枯萎死亡。如果挖掉的土层较薄，几厘米或几十厘米，大多数树木受到的威胁不明显；如果挖掉的土层较厚，则应采取相应的措施，尽量减少挖方对树木根系的伤害。常用的主要方法有：

a. 根系保鲜。采用保湿材料或泥炭藓等覆盖以保护挖方暴露出来的切断根系，防止干枯。

b. 施肥。在保留的土壤中施入腐叶土、泥炭藓或农家肥料以改良土壤的结构，提高其保湿能力。

c. 合理修剪枝叶。为保证枝叶蒸腾和根系吸收水分的平衡，在大根被切断或损伤较严重的情况下，对地上部分进行适度合理的修剪。

　　（2）地面铺装对树木的危害

　　在城市园林建设中，地面铺装后比较适合人的行走，但不正确的铺装与在树干周围的地面浇筑水泥、沥青和铺设不透水的砖石等一样，都会给树木带来伤害。有些树木根部的生长会造成铺砌物向上翻起，给行人造成身体伤害并增加养护或维修的成本。不透水铺装有碍树根上部土壤与大气水、气的交换，使上层根区的水分与氧气供应减少，一方面引起树木根系代谢失常，功能减弱，另一方面改变土壤微生物群落，使树木地上与地下的器官失衡，减缓树木生长。

　　地面铺装改变了下垫面的性质，即改变地表及近地层的温度变幅，树木表层根系和根颈附近的形成层很容易遭受到极端高温与低温的伤害。铺装材料越密实，比热容越小，颜色越浅，热导率越高，危害越严重。

　　靠近树木基部的铺装距离植物太近，随着树木的长大，根颈增粗，干基越来越逼近铺装面。如果铺装材料薄而脆弱，树木干基的加粗导致铺装圈破碎、错位和隆起；如果铺装物厚而结实，树木主干或浅层大根的生长导致干基或根颈韧皮部和形成层的挤伤或环割，造成生长势下降，叶小变黄，枝条枯死或萌条增多，最后因韧皮部输导组织及形成层的彻底破坏而死亡。

　　地面铺装对树木的危害在短期内并不能表现出来，而是经过一定的时间树木生长势衰弱，最后死亡。减少铺装对树木的危害的方法：一是选择对土壤水气通透性不太敏感、抗性强的树种，在种植树木的地方，给树木留出一定大小的树池；二是尽可能不铺装，缩小铺装面或选择通透性强的材料进行铺装；三是改进铺装技术，设置通气透水系统，避免整体浇注，而是采用混合石料或块料，如格列性灰砖、带孔的水泥预制砖等。当发现确实因为铺装导致树木濒临死亡，应翻开原来的铺装，清除原来砖与砖之间的水泥、沥青等不透水材料，在不伤根的情况下，疏松根区表层土壤，同时施入适量腐熟的有机肥和其他复合肥。选用上大下小的倒梯形铺装砖，砖缝之间不加黏合剂，使得砖与砖之间形成纵横交错的楔形气室，以利于气体交换和雨水渗透。为增加砖块之间的强度，也可以在勾砌的水泥浆中混入30%的粗锯末。

目前北京许多名胜古迹园中的古柏林地中均采用这中倒梯形砖的铺装方式。

三、树体的保护与修复

树木的主干和骨干枝因病虫害、冻害、日灼、机械损伤等造成的伤口如不及时保护和修复，经过雨水的侵蚀和病菌的寄生，内部腐烂成树洞，不仅影响树体美观，而且影响树木的正常生长。在园林栽植养护方面，树木移栽和树木修剪的过程中对树木的根部、树干、主枝或枝条进行修剪或者截断，修剪后的伤口如不及时进行处理容易造成水分及养分的散失、截面干裂、病虫害侵染等伤害。另外，树木经常受到人为的有意或无意的损坏，如树盘内的土壤被长期践踏变得很坚实，在树干上乱写乱画、摇动树干或拉枝折枝等，所有这些对树木的生长都有很大影响。因此，对树体的保护和修复是非常重要的养护措施。

1. 树木的保护与修复原则

城市树木的保护是一项具体且应合乎科学规律的行为，符合当今社会发展的生态保护的需要，也是促进城市可持续发展的重要工作。树木的保护应贯彻"防重于治"的精神，做好各方面预防工作，尽量防止各种灾害的发生，同时还要做好宣传教育工作，提高人们主动保护城市树木的意识。对树体上已经造成的伤口，应该早治，防止扩大，应根据树干上伤口的部位、轻重和特点，采用不同的治疗和修复方法。

2. 树干伤口的修护

树木受伤后会形成伤口，如果该树为速生树种，且伤口小，其愈合速度较快，这种通过树木本身的自然修补恢复一般只限于树皮层的修复，且面积不太大。如果树木的创面达到木质部，则需要对树体的损伤进行修补、加固，借助人为干预来帮助树干伤口恢复。

一般在树干伤口的初发期加以治疗，促进伤口的愈合，减少树体水分损失，尽快恢复树势，防止病虫侵入。要及时切除枯死干枝，从伤折处附近锯平或剪除，对于轻伤枝、发生抽条的枝干，则在受伤和未伤界限分明处切除，切口要光滑，将切口整理清洗后及时涂保护剂或涂蜡，以便伤口愈合尽快萌生新枝。

对已腐烂的树干，要刮除腐烂树皮，及时用锋利的刀刮净削平四周，使皮层边缘呈弧形。树皮刮到健康部位，深达木质部，刮净后用毛刷均匀涂刷75%酒精，或2%~5%的硫酸铜溶液，或0.1%升汞溶液，或石硫合剂原液，或1%~3%的高锰酸钾等进行消毒，然后涂蜡或保护剂（动物油加松香和黄蜡熔化制成），也可用黏土和鲜牛粪加少量石硫合剂混合制作涂抹剂，或在新刮出的部位涂抹腐殖酸或0.01%~0.1%的萘乙酸膏，可促进伤口愈合。保护剂要容易涂抹、黏着性好，受热不融化，不透雨水，不腐蚀树体组织。

对于被大风吹裂或折伤的枝干，可把裂伤较轻的半劈裂枝干吊起或支起使其复原，并清理伤口处杂物，用消毒药剂消毒处理，用绳或铁丝捆紧，使伤口密合无缝，外面用塑料薄膜包严，愈合后便可解绑，或用两个半弧圈构成的铁箍加固，中间用棕麻绕垫，用螺栓连接，随干径的增粗而放松。

对于长期不能愈合的树洞，可在洞口表面钉上板条，以油灰和麻刀灰封闭（也可用安装玻璃用的腻子），然后再涂白灰乳胶，用颜料粉面，最后在上面压树皮纹或钉上一块真树皮，以使外观更加自然。另外，也可用填充法修补树洞，填充物最好用小石砾和水泥的混合物，填充物必须压实，为加强填料与木质部的连接，洞内可钉若干电镀铁钉，洞口内两侧挖4厘米深的凹槽，填充物从底部开始，每20~25厘米为一层，用油毡隔开，每层都要向外略斜，以利于排水，边缘应不超过木质部，使形成层能形成愈伤组织。外层用石灰、乳胶、颜色粉涂抹，以使树体美观。如果树洞过大且给人以奇特感，可不做修补，留作观赏。但必须将树洞内腐烂的木质部彻底清除，刮去洞口边缘的坏死组织，直到露出新组织，用药剂消毒后涂防护剂，同时改变洞形，以利于排水。

人为破坏也会对树体造成伤害。植物树干上一旦遭受砍刻，就难以恢复原状。除了必要的修护处理外，还应在遭受砍刻的树身缠裹麻绳、涂白，或者在受害处悬挂提示语，避免树干再次受到伤害。

3. 吊枝、顶枝与打箍

吊枝和顶枝是城市园林中常见的树木养护方法。吊枝在果树上多见，顶枝则用于大树倾斜或大树枝下垂时。当一些大树或古树树身倾斜、不方便扶直时，可设坚固金属、木桩等支柱支撑下垂的大枝，尽量保持与周围环境协调一致，支柱与树干连接处应有适当的托杆和托碗，并加软垫，以免树皮损伤，并保持稳固不动，促使树干下垂的枝条逐渐向上直立生长。

打箍应用于树木的粗大枝干劈裂后的修复，是用两个半圆形的弧形铁，两端向外垂直折弯，打孔后用螺丝连接。铁箍内可垫橡皮垫来缓冲由于枝干生长或重力下垂造成的树皮伤害。此外，还应定期拧松螺丝，防止铁箍过紧限制枝干生长或使铁箍嵌入树体。

4. 涂白

涂白也是树体的重要保护措施之一。目的是防治病虫害和延迟树木萌芽，避免日灼危害。树干涂白可防害虫产卵和腐烂病、溃疡病的发生，可使树木减弱地上部分对太阳辐射的吸收，延迟芽的萌动期，有效预防早春温度的剧烈变化，避免枝芽冻害发生，还可减少局部温度增高，从而预防日灼危害。

树干涂白剂常由水、生石灰、石硫合剂原液和食盐以 10：3：0.5：0.5 的比例，加入油脂、黏着剂少许配制而成，以便延长涂白期限。使用时用毛刷蘸取涂白剂均匀涂抹在树干上，高度以地径以上 1~2米为宜。

第五章
城市树木病害防治

城市树木作为城市重要的基础设施，在美化环境、平衡城市生态系统和提高城市居民生活质量等方面有着无可替代的作用。我国城市园林绿化建设的各种树木种类日趋增多，随之而来的各种不同树木上的病害问题也频繁发生且越来越突出，严重威胁着一些树木的长势和生存。

一、城市树木病害的类型、特点和防治原则

1. 城市树木病害的类型和特点

城市树木和其他栽培植物之间有共同性，但在种类和其组成及设置方式等方面又有别于其他类栽培植物。城市树木需按照各地区的地理环境条件、景观要求、美学原理及树木的生物学特性等配置成一个和谐的统一整体，共同来满足城市中的人们对生态、美化和社会等方面的需求，因而城市树木的病害在种类、数量与组成、发生、分布与演变的规律、防治要求、特点和措施上有其特殊性。

目前，在城市树木上发生的主要病害以腐烂病、立枯病、黑斑病、锈病等为主，表现为花叶、斑点、腐烂等。有些树木病害的症状，病症部分特别突出，树木本身无明显变化，如白粉病；有些病害不表现

病症，如非侵染性病害和病毒病害等。植物病害的发生是一个发展的过程，因此树木病害的症状在病害的不同发育阶段也会有差异，但一般情况下，一种病害的症状有其固定的特点，在不同的植株或器官上，会有典型性和特殊性。寄主植物受病后本身所表现的不正常变化称病状，凡植物病害都有病状。每一种树木病害的症状通常均伴随着几种现象综合而成，一般根据其主要症状，对树木病害划分为以下类型：

（1）坏死

树木受病原物危害后出现细胞（或组织）消解或死亡现象，称为坏死。这种症状在植物的各个部分均可发生，但受害部位不同，症状表现有差异。

①斑点。在叶部主要表现为形状、颜色、大小不同的斑点，形状有圆形、条斑、环斑、多角形等。颜色有黄色、灰色、黑色、白色、褐色等。有的斑点甚至发展成为组织焦枯继而形成穿孔。病斑可以不断扩大或多个联合，造成枝叶枯萎。造成斑点的病原可能有真菌、细菌和病毒，冻害、病害也可造成斑点，如泡桐炭疽病、桂花叶斑病、梅花叶穿孔病等。

②腐烂。在植物的其他部位如根及幼嫩多汁的组织易发生腐烂。造成腐烂的原因是真菌或细菌侵染树木组织细胞后发生大面积的消解和破坏，使组织解体。含水较少或木质化的树木组织则形成干腐，如杨树烂皮病、四季海棠茎腐病等。

③溃疡。该症状多见于树干皮层。溃疡由真菌、细菌侵染或机械损伤造成。有时部分木质部坏死后会形成凹陷状的病斑。病斑周围常被愈伤组织包围，如愈伤组织逐年被破坏，并逐年形成新的愈伤组织，则溃疡部分会表现为局部肿大，成为癌肿。小型溃疡有时称之为干癌。在树干皮层表现为溃疡等，如杨树溃疡病、西府海棠枝溃疡病。

（2）枯萎或萎蔫

萎蔫可以由各种原因引起，有生理和病理之分。生理性萎蔫是由于土壤中水分过少，或高温时过强的蒸发作用而使植物暂时缺水，若及时供水，植物可以恢复正常。典型的枯萎或萎蔫指园林植物根部或干部维管束组织感病后表现失水状态或枝叶萎蔫下垂现象。植物的水分疏导系统受阻，如果是根部或主茎的维管束组织被破坏，则表现为全株性萎蔫；侧枝的维管束组织受到侵染则使单个枝条或叶片发生萎蔫。如榆树枯萎病、黄栌枯萎病。

（3）变色

变色主要有褪绿、黄化和花叶三种类型。树木感病后，叶绿素的形成受到抑制或被破坏而减少，其他色素形成过多形成了色素比例失调，由此使叶片出现不正常的颜色。单株植物的变色不容易被发现，同种植物在一起则容易通过对比观察到。病毒、支原体及营养元素缺乏等均可引起树木出现此症状，如杉木黄化病。

（4）畸形

畸形是由细胞或组织过度生长或发育不足而造成的形态异常，主要有以下病状类型：

①肿瘤。树木的根、干或枝条局部细胞增生而形成肿瘤，多由真菌、细菌、线虫引起，如杨树根癌病。

②丛枝。植物的主枝或侧枝顶芽生长受抑制，腋芽或不定芽大量发生，枝条的节间变短、叶片变小，枝叶密集成扫帚状，通常称为丛枝病。丛枝病产生的原因主要是类菌原体或真菌侵染，或树木本身生理机能失调所致，如泡桐丛枝病。

③变形。感病植物器官失去原来的形状，部分器官出现肿大、皱缩、枝条带化等症状。常见的有由外子囊菌和外担子菌或其他生理因素引起的叶片、果实及枝条的变形，如桃缩叶病、阔叶树毛毡病等。

④流胶或流脂。植物感病后细胞分解为树脂或树胶自树皮流出，称为流脂或流胶病。该病状的发生原因较为复杂，有生理因素或侵染性因素，或为两类原因综合作用的结果。如油松流脂等。

⑤其他。病原物在寄主病部的各种结构特征称为病症。如在一些侵染性病害中，主要是真菌、细菌病害和寄生性种子植物病害，不仅表现病状，而且病原物经过寄主体内的生长发育后，在树木体表表现营养体和繁殖体特征。主要有以下类型：

a. 粉霉。植物感病部位出现白色、黑色或其他颜色的霉层或粉状物，一般都是病原微生物表生的菌体或孢子。如黄栌白粉病、杨树煤污病等。

b. 锈状物。病原真菌在病害部位产生的铁锈色或褐色点状、块状、毛状或花朵状物。如苹桧锈病、梨桧锈病等。

c. 伞状物及马蹄状物。植物感病部位真菌产生肉质、革质等颜色各异、体型较大的伞状物或马蹄状物。如杜鹃根朽病在根部有伞状物形成。

d. 胶状物。潮湿条件下在植物感病部位出现的黄褐色的脓状黏液，干燥后为胶质的颗粒或小块状。如菊花青枯病可能出现的乳白色或黄褐色细菌黏液。

2. 城市树木病害的防治原则

城市树木病害治理的关键在于增强树木的生长势，防止病原物传播、蔓延和侵染寄主，创造有利于植物而不利于病原物生存的环境条件三个方面，全面预防城市树木轻度受害，积极消除中度危害，以达到综合治理城市树木灾害性病害的目的。世界上植物病害防治经历了单一防治、综合防治、综合治理和植保系统工程几个阶段。对城市树木病害，无论是采用植物检疫、物理防治、化学防治还是生物防治，都应减少对城市环境的影响。城市树木病害防治的原则有：

①严格服从城市病虫害防控机构的统一调度，防止树木病害的扩散。

②尽量通过物理防治和生物防治控制病害，尽可能减少化学药剂对城市环境的污染。

③在必须使用化学防治时，用药以局部控制、高效低毒为主。

④能在冬春防治的病害不在植物的生长季节防治。北方避免季风的影响，南方注意降雨的影响。

二、城市树木病害防治技术

1. 植物检疫

植物检疫是以立法手段防治植物及其产品在流通过程中传播有害生物的措施。由于它具有法律强制性，国际文献上常把"法规防治"

"行政措施防治"作为它的同义词。植物检疫的基本属性是强制性和预防性，其主要目的是防治危害性城市树木病虫及其他有害生物通过人为活动进行远距离传播，以此达到保护本国、本地区城市树木生长的安全和城市植物生态系统的稳定。

城市树木养护单位一方面需要慎重引进新的树种，另外一方面需注意尽量不使用已经公认的入侵种。如果从国外引进种子、苗木，必须查验植物检疫证书，并向所在地的省、自治区、直辖市植物检疫机构提出申请，办理检疫审批手续；若国务院有关部门所属的在京单位从国外引进种子、苗木，应当向国务院农业主管部门、林业主管部门所属的植物检疫机构提出申请，办理检疫审批手续。除了引入植物本身可能出现的"种"的问题以外，还有可能在引入树木上附带外来的植物病害。对可能潜伏有危险性病害的树种，必须隔离试种、调查、观察和检疫，证明确实不带危险性病害。对可能被检疫对象污染的包装材料、场地或工具也应进行检疫。

2. 选育抗病品种

选育抗病品种是防治城市树木病害的一种经济有效的措施，特别是对那些无可靠防治措施的毁灭性病害。抗病育种对环境影响较小，有较强的后效应，也不影响其他植物保护措施的实施，在病害治理中有良好的相容性。目前已针对松疱锈病、榆枯萎病和几种杨树病害选育出了一些优良的抗病品种。

抗病育种的方法包括传统育种、诱变技术、组织培养技术和分子生物学技术。尽管树木抗病育种还存在许多困难，但在加强基础研究的前提下，通过植物抗病基因工程育种的策略和方法，能够提高植物抗病育种的成功率。城市树木抗病育种应包括抗病性的鉴定和筛选。在了解病原菌生物学和病害发生规律的基础上，选用适当的方法进行筛选鉴定可以有效提高抗病育种的效率。

3. 植物栽培技术防治

目前城市树木病害采用园林技术防治的方法主要有：
①合理搭配树种与布局。

②加强城市树木管护，包括注意整形修剪、清除落叶、树干涂白，以及及时清理枯枝、死树。

③合理施肥与灌溉，增强树势。

4. 生物防治

生物防治是通过调整环境和寄主植物以及人以外其他生物来减轻病原物的接种体密度或病害产生的活动。生物防治的机理是利用重寄生、抗生物质的作用、竞争、捕食来防治植物病原物或植物病害。大致可以分为以线虫治病虫、以虫治病虫、以鸟治病虫和以菌治病虫四大类，其中应用最普遍的方法是利用天敌防治有害生物。

生物防治在园林植物病害中的应用途径有：

①接种体的生物破坏。将抗生的微生物直接施入土中或植物体表，破坏或清除病原物的接种体，使抗生体在土壤中或体表保持优势。

②植物体表生物保护。在病原接种体侵入寄主前使用生物制剂，用抗生体保护侵染点防治病原物在寄主上定殖。

③无（弱）毒菌系的利用。用非病原物或病原物的无毒系事先接种寄主植物，以防治病原物的侵染。一般从同一寄主上获得的弱毒株交叉保护效果最好，但接种时要避免其他病原物的混合侵染。

在城市树木病害防治中，已有一些成功的实例，更多的病害防治技术还处于研究阶段，生物制剂商品化生产在我国也处于发展阶段。从生态环境保护和可持续发展的角度来看，生物防治是最好的病害防治技术之一。其优势主要表现为：对人、畜安全，不存在残留和环境污染问题；生物防治的资源丰富，选择性强，易开发，一旦被驯化而建立的种群，对病虫害有较长期的控制作用；防治成本低。然而，生物防治也有其局限性，如生物防治的作用效果缓慢，病害大面积发生后常常无法控制或仅能将病害控制在一定的危害水平，在短期内难以达到防治的理想值；天敌种群、数量易受气候、化学防治的影响；防治效果不稳定，易受地域生态环境的限制。尽管如此，生物防治在当今生态环境保护中仍具有十分重要的地位。

5. 物理防治

物理防治是通过热力、冷冻、干燥、电磁波、射线、机械阻隔等措施来抑制、钝化或杀死病原物，达到控制植物病害的目的的一种方法。

（1）温控防病物理法

病原物对环境温度有一个适应范围，过高或过低都会导致失活或死亡。例如，在夏季覆盖塑料薄膜、遮阳防虫网，进行避雨、遮阳、防虫栽培，可减轻病害的发生。另外，土壤的热处理、繁殖材料热处理或冷处理，对某些病毒防治能够起到一定的作用。

（2）机械阻隔作用

机械阻隔是根据病原物的侵染和扩散行为，设置物理性障碍，阻止病菌危害和扩展的措施。如利用一些害虫在树皮裂缝中越冬的习性，在树干上束捆草类、破布和废报纸等，引诱害虫至此越冬，翌年害虫出蛰前将其集中消灭。

（3）射线物理法

射线物理法是利用各种射线对病原物的抑制或杀灭作用的一种物理防治技术。如用400戈瑞/分钟的γ射线处理柑橘或桃子果实，可以有效防治贮藏期的腐烂病。

物理防治技术通常比较费工，效率较低，但在某些条件下可取得良好的效果，且对公众和环境无害，经济成本低，一般用作辅助防治措施。

6. 外科治疗

外科治疗是一种针对名贵或古稀树木枝干病害的修复和镶补技术，实际上是园艺措施与化学防治相结合的防治技术。在古建筑群或历史名城中生长的许多古树名木，由于年代久远，很多树体都腐朽破烂，濒临死亡，对损害的树体进行修复、镶补后才有可能健康地生长。

常见的城市树木外科治疗有：

（1）表皮损伤的治疗与修复

是指古树名木树皮损伤面积在10平方厘米以上的伤口处理技术。基本程序包括伤口清洗、伤口消毒、伤口封闭、外表装饰等。

（2）树洞的填充与修补

是指对产生疮痕和树洞的树木进行修补的技术。树洞的填充与修补前需清理树洞内的杂物（包括正生长着的腐朽菌），并刮出洞壁上的腐烂层，然后进行洞壁消毒、填充与修饰。该方法已在生产实践中广泛应用。

7. 化学防治

化学防治是利用农药的生物活性，将有害生物种群或群体密度降低到经济损失水平以下的方法。化学防治的作用有：

（1）化学保护

指病原物在侵入树木以前使用化学药剂如波尔多液、石硫合剂等保护树木或其周围环境，阻止病原物侵入或杀死病原物，从而起到防治病害的作用。

（2）化学治疗

当病原物已经侵入植物或植物已经发病时，使用化学药剂如甲霜灵类、萎锈灵类杀菌剂来控制病原物的生长或蔓延，或增强寄主的抗病能力。

（3）化学免疫

化学药剂进入寄主体内，诱导寄主产生有杀菌或抑菌作用的植物保卫素，提高植物对病原物的抵抗力，从而起到限制或消除病原物侵染的作用。

（4）钝化作用

一些植物生长素、抗生素、金属盐或维生素进入植物体后能影响病毒的活性，使病毒被钝化，其侵染力和繁殖力降低后，危害性也减轻。

化学杀菌剂一般可对种苗消毒、土壤消毒，以喷雾、淋灌或注射、烟雾法等使用。其种类很多，总体发展方向为有机剂代替无机剂，保护剂转向内吸剂至混合剂型，剧毒向高效低毒发展。在使用化学药剂防治病虫害时，应最大限度地发挥药剂的作用，努力避免或消除药剂的不良影响，达到合理使用农药的目的。

不同的防治对象，对化学药剂的反应不同，应根据病害的发生发展规律，抓住病害对农药的敏感环节，选择适宜的药剂，抓住有利时机，结合环境条件，采用正确的使用方法，才能起到好的防治效果。

化学防治在城市树木病害治理中占有重要地位，使用方法简单、效率高、见效快。当病害大面积发生时，化学防治可能成为唯一的有效手段。当然，化学防治存在一定的危害，因此树木养护单位在城市中使用化学防治时，应该注意风雨等对化学药剂在城市地下水和空气中散布的影响，尽可能使用低毒低残留的化学药剂。对于使用过化学药剂的树木，应设置布告栏或警示牌，避免市民在树下采摘野菜、果实或植物叶片。同时，工人在进行化学农药操作时，应严格按照操作规程进行，做好防护工作。

三、常见叶部病害的防治方法

树木的叶部病害种类多，但很少能引起整个植株的死亡，然而叶片的病斑严重影响树木的观赏性，并对其他植物的健康生长构成威胁。常见的叶部病害有白粉病、灰霉病、煤污病、锈粉病、毛毡病、叶斑病等。病原物主要通过被动传播方式达到新的侵染点，传播动力和媒介包括风、雨、昆虫、气流和人类活动。树木叶部病害的侵入途径主要有自然孔口侵入、伤口侵入和直接侵入。落叶上越冬的菌丝体、子实体或休眠体是最初的侵染源，仅 7~15 天的潜育期。叶片上初侵染形成的病部，以后会形成多次再侵染。

对于叶部病害，主要预防方法是改善环境条件、科学管理水肥、通风透光等。生长季节一旦发生严重叶部病害，化学防治则是最为快速有效的措施。叶部病害的潜育期短，侵染次数多，发现病害要求迅速扑灭。减少侵染来源和喷药保护是防治城市树木叶部病害的主要措施。

1. 白粉病

白粉病是城市树木上发生的比较普遍的重要病害。白粉病的种类较多，寄主转化性很强，菌丝体附着在植物体表，菌丝形成吸器从寄主细胞内吸收养分。

白粉病的症状初为白粉状，最明显的特征是由分生孢子及菌丝体形成白色粉末状物。秋季在白粉层上出现许多由白而黄最后变为黑色的小颗粒——闭囊壳。少数白粉病夏季末期即可形成闭囊壳。除了针叶树外，城市园林中很多观赏植物都有白粉病。该病一般在寄主生长的中后期发生，侵害它们的叶片、嫩枝、花瓣、花柄和新梢，症状是变黄、皱缩、早期落叶和不开花。严重时削弱整株植物的生长势，降低其观赏性甚至造成整个植株的死亡。不同的白粉病症状虽然总体上相同，但也有某些差异。如桑、大叶黄杨等叶部都有两种白粉病，一种白粉层在叶背面，另一种生在叶正面。黄栌白粉病的白粉层主要在叶正面，臭椿白粉层在叶背。一般发生在叶正面的白粉层中的小黑点小而不太明显，生在叶背面白粉层中的小黑点大而明显。湿度较大有利于白粉病病原菌的生长，但降雨过多也有可能不利于它们的生长。

引起树木白粉病的常见病原菌有钩丝壳属、白粉菌属、球针壳属等。病原菌以菌丝体、闭囊壳和分生孢子在发病部位越冬，经风雨传播，其病原的无性阶段在树木生长季节中有多次再侵染。

白粉病防治措施：

①秋冬季节清除初侵染源非常重要。剪除病弱枝，将病落叶集中烧毁，消灭越冬病菌，减少最初侵染来源。

②选育和利用抗病品种也是防治白粉病的重要措施之一。

③加强树木栽培管理，改善环境条件。降低树木栽植密度，增施磷、钾肥，氮肥要适量。采用滴灌和喷灌，禁止漫灌。

④化学防治上常用的有 25% 粉锈宁可湿性粉剂 1500～2000 倍液，残效期长达 1.5～2 个月，50% 苯菌灵可湿性粉剂 1500～2000 倍液，碳酸氢钠 250 倍液。

⑤生物农药 BO-10（150～200 倍液）、抗霉菌素 120 对白粉病也有良好的防效。

⑥休眠期喷洒 0.3～0.5 波美度的石硫合剂，消灭越冬病原物。

⑦叶片上出现病斑时喷药，每年喷 1 次基本上能控制住白粉病的发生。

2. 锈病类

锈病也是城市树木的常发性病害。植物锈病的病症一般先于病状出现。病状通常不太明显，黄色粉状锈斑是该病的典型特征。叶片上的锈斑较小，近圆形，有时呈泡状斑。在症状上只产生褪绿、淡黄色或褐色斑点。在病斑上，常常产生明显的病症。当其他幼嫩组织被侵染时，病部常肿大。如在圆柏上危害圆柏针叶或小枝的病原在被害部位出现浅黄色斑点，后稍隆起呈灰褐色的豆状小瘤，初期表面光滑，后粗糙膨大，翌年春天遇雨破裂，若膨为橙黄色花朵状（或木耳状）的胶质块，干燥时则缩成表面有皱纹的胶污物。

有些锈菌不仅危害叶部，还能危害果实、叶柄或嫩梢，甚至枝干。叶部锈病虽然不能使寄主植物致死，但常造成早落叶、果实畸形，削弱生长势，降低产量及观赏性。观赏植物上常见的叶锈病主要的病原菌有单胞锈菌属、多胞锈菌属、柱锈菌属、柄锈菌属、层锈菌属和胶锈菌属等。有些锈菌是转主寄生，由此加大了防治的困难程度，如在海棠、苹果与圆柏混栽的树林、绿地等处发病严重，因此应避免这些植物在近距离内共同栽植。城市春季多雨水、建筑风都有利于冬孢子萌发和担孢子飞散传播，因而寄主幼嫩组织生长时期若遇雨水和气温适宜，更对锈病的发生有利。

锈病防治措施：

①减少侵染来源。休眠期清除枯枝落叶，喷洒 0.3 波美度的石硫合剂，杀死芽内及病部的越冬菌丝体；生长季节及时摘除病芽或病叶。

②改善环境条件。增施磷、钾、镁肥，氮肥要适量。在酸性土壤中施入石灰等能提高寄主的抗病性。

③在植物配置中避免海棠、苹果、梨等与圆柏、龙柏混栽。

④生长季节喷洒 25% 粉锈宁可湿性粉剂 1500 倍液，或喷洒敌锈钠 250~300 倍液，10~15 天喷洒一次，或喷 0.2~0.3 波美度的石硫合剂也有很好的防效。

3. 炭疽病

炭疽病是城市树木常见的一大类病害。炭疽病虽然发生于许多树种，危害多个部位，症状有某些差异，但也有共同的特征。

在发病部位形成各种形状、大小、颜色的坏死斑，比较典型的症状是常在叶片上产生明显的轮纹斑，后期在病斑处形成子实体往往呈轮状排列，在潮湿条件下病斑上有粉红色的黏孢子团出现。在枝梢上形成梭形或不规则形的溃疡斑，扩展后造成枝枯。在发病后期，一般都会产生黑色小点（病原菌的分生孢子盘），在高湿条件下多数产生焦枯状的带红色的分生孢子堆，这是诊断炭疽病的标志。炭疽病主要危害叶片，降低观赏性，也有的对嫩枝危害严重，如山茶炭疽病、梅花炭疽病等。

炭疽病防治措施：

①加强养护管理措施，促使园林树木生长健壮。

②清除树冠下的病落叶及病枝和其他感病材料，剪除病枝，刮除茎部病斑，减少侵染来源。

③利用和选育抗病树种和品种，是防治炭疽病中应注意的方面。

④化学防治。侵染初期可喷洒 70%的代森锰锌 500～600 倍液，80%炭疽福美 800 倍液，75%百菌清 800 倍液，1∶0.4∶100 的波尔多液，或 70%的甲基硫菌灵可湿性粉剂 1000 倍液。喷药次数可根据病情发展情况而定。

4. 叶斑病

叶斑病是叶片组织受局部侵染，导致出现各种形状斑点病的总称。在城市树木上常发生的叶斑病有黑斑病、褐斑病、角斑病及穿孔病。各种叶斑病的共同特征是局部侵染引起，叶片局部组织坏死，产生各种颜色、各种形状的病斑，有的病斑可因组织脱落形成穿孔。病斑上常出现各种颜色的霉层或子实体。叶斑病的主要病原物是半知菌。

叶斑病防治措施：

①彻底清除病落叶及病株残体，并集中烧毁。

②化学防治。在早春植物萌动之前，喷洒 3～5 波美度的石硫合剂等保护性杀菌剂或 50%的多菌灵 600 倍液。

③展叶后可喷洒 1000 倍的多菌灵或 75%的甲基硫菌灵 1000 倍液。隔半个月喷一次，连续喷 2～3 次。

5. 叶畸形

（1）叶畸形的类型、病状及发生规律

叶畸形病主要由外担菌、外囊菌等引起。病原物刺激寄主细胞增生或抑制细胞的分裂，导致叶片组织局部或全部肿胀、变厚、变小或扭曲，如桃缩叶病、梅花缩叶病。

①桃缩叶病。主要危害桃树的叶片、嫩梢、花和果实，是桃的常发病。病叶呈现波浪状皱缩卷曲，变成黄色至紫红色。在春末夏初叶片的正面出现灰白色粉层，叶片背面偶见。病梢为灰绿色或黄色，节间短缩肿胀，叶片卷曲成丛，严重时病梢枯死。幼果在发病初期，果皮上出现黄色或红色稍隆起的斑点，病斑随果实长大逐渐变为褐色并龟裂，病果容易早落。

桃缩叶病的病原是畸形外囊菌，病菌在春季以子囊孢子或亚孢子随气流传播到嫩芽上，从气孔或表皮侵入，刺激寄主细胞大量分裂，细胞壁变厚。早春时节的温度低、湿度大，施肥有利于病害发生，仲春为发病盛期，春末夏初发病停滞，不会再次侵染。

②梅花缩叶病。梅花缩叶病又名叶肿病，梅花产区都有分布，该病与桃缩叶病相似。春季危害嫩芽和新叶。嫩梢节间变粗缩短，叶片密生，叶片皱缩变厚，呈肉质化，表面粗糙，向叶背卷曲。病叶初呈黄色、红色或紫红色，后逐渐变成灰白色，并有粉状物出现。严重时，病梢枯死，树势衰弱，花量减少，影响观赏价值。

梅花缩叶病病原菌为子囊菌亚门外囊菌目外囊菌属的梅外囊菌。病原菌以子囊孢子及芽孢子在寄主芽鳞内外及病梢上越冬。一般每年4月上旬病菌开始侵染，5月上旬病害发生较重，6月以后停止发病。病菌一般每年只侵染1次，偶尔也有再次侵染。夏季以后，由于气温高，条件不适，危害不显著。凉冷湿润的气候最适合于孢子的萌发和侵染。20℃左右最适合病菌的生长，但对侵染不利。28℃时病菌生长受到抑制，病害不能发生。早春连续阴雨或多雾，不利于病害发生。

（2）叶畸形的防治措施

①清除侵染来源。摘除病叶、病梢和病花后烧毁，防止病害进一

步传播蔓延，以减少翌年病菌的侵染。

②加强栽培管理。水、肥适中，调整植株密度，增加通风条件，增强树势，提高植株抗病力。

③药剂防治。在重病区，休眠期喷洒 3~5 波美度的石硫合剂；新叶展开后，喷洒 0.5 波美度的石硫合剂（65%代森锌可湿性粉剂 400~600 倍液、0.5 波美度的波尔多液、0.2~0.5%的硫酸铜溶液）进行防治。连续防治 2~3 年，可取得较好的防治效果。

四、常见枝干病害的防治方法

枝干类病害种类不如叶部病害多，但危害较大，常常引起枝枯或全株枯死。幼苗、幼树及成年的枝条均可受害，主干发病时全株枯死。引起枝干部病害的非生物性病原主要有日灼及低温，夏季高温引起植物茎基部灼伤，冬季低温引起树干"破肚子病"。生物性病原有真菌、细菌、支原体、寄生性种子植物或线虫等，其中真菌占有最重要的位置，病原真菌大多导致植物茎干的腐烂和溃疡症状；细菌则能引起树木的溃疡病和青枯病；支原体则引起丛枝病；线虫主要引起枯萎病等。

病菌的侵染途径一般为伤口或自然孔口侵染，且大多有潜伏侵染特性，与植物生长势密切相关。由于病菌的潜伏侵染特性，病菌扩展和表现症状一般是在植物生长势较弱的情况下，如杨树在沙丘地、盐碱地、涝洼地等树势衰弱条件下易发溃疡病。对于寄生性弱的病原物引起的茎干病害，一方面应加强管理，提高植物抗性，另一方面在树木种植或管护时应小心操作，减少各种伤口。

1. 溃疡病及腐烂病

溃疡病是指树木枝干局部性皮层坏死，坏死后期因组织失水而稍下陷，有时周围还产生一圈稍隆起的愈伤组织。除包括典型的溃疡病外，还包括腐烂病（烂皮病）、枝枯病、干癌病等所有引起树木枝干韧皮部坏死或腐烂的各种病害。

溃疡病的典型症状是发病初期树干受害部位产生水渍状斑，有时为水泡状，圆形或椭圆形，大小不一，并逐渐扩展；后失水下陷，在病部产生病原菌的子实体。病部有时会出现纵裂，皮层脱落。木质部表层褐色。后期病斑周围形成隆起的愈伤组织，阻止病斑的进一步扩展。有时溃疡病在寄主生长旺盛时停止发展，病斑周围形成愈伤组织，但病原物仍在病部存活。翌年病斑继续扩展，然后又在周围形成新的愈伤组织，如此反复年年进行，病部形成明显的长椭圆形盘状同心环纹，且受害部位局部膨大，有的多年形成的大型溃疡斑可达数十厘米或更长。抗性较弱的寄主植物，病原菌生长速度比愈伤组织形成的速度快，病斑迅速扩展，或几个病斑汇合，形成较大面积的病斑，后期在上面长出颗粒状的子实体，皮层腐烂，此即为腐烂病。当病斑环绕树干1周时，病部上面枝干枯死。

溃疡病及腐烂病防治措施：

①通过综合治理措施改善环境条件，绿化工程中缩短树木假植时间，加强养护，增强树势。

②注意适地适树，选用抗病性强及抗逆性强的树种，培育无病壮苗。

③在起苗、假植、运输和定植的各环节，尽量避免苗木失水。在保水性差且干旱少雨的沙土地，可采取必要的保水措施，如施吸水剂、覆盖薄膜等。

④清除严重病株及病枝，保护嫁接及修枝伤口，在伤口处涂药保护。

⑤秋冬落叶后和早春发芽前用含硫黄粉的树干涂白剂涂白树干，防止病原菌侵染。

⑥用50%多菌灵300倍液加入适当的泥土混合后涂于病部，或用50%的多菌灵、70%的甲基硫菌灵、75%百菌清500~800倍液喷洒，有较好的效果。

2. 枯萎病

枯萎病也称导管病或维管束病，是病原物从植物的根部或干部侵入维管束组织并蔓延，使水分输导受阻并导致整株不可逆萎蔫的现象。树木枯萎病种类不多但危害极大。非侵染性病原或侵染性病原危害均能导致树木枯萎，如长期干旱、水浸、污染物的毒害，使植物根部皮层腐烂，导致根部吸收作用被破坏，或者因其他一些原因导致输导系统被堵塞，都可使树木枯萎。枯萎病能在短期内造成大面积的毁灭性灾害，世界著名的榆树枯萎病、松材线虫枯萎病均属此类病害。

感病植株叶片失去正常光泽，随后凋萎下垂，脱落或不脱落，终至全株枯萎而死。有的半边枯萎，在主干一侧出现黑色或褐色的长条斑。在患病植株枝干横断面上有深褐色的环纹，在纵剖面上有褐色的线条。急性萎蔫症型的病株会突然萎蔫，枝叶还是绿的，称为青枯病，这种症状多发生在苗木或幼树上。慢性萎蔫型的感病植株先表现某些生长不良现象，叶色无光泽，并逐渐变黄，病株常要经过较长时间才最后枯死。

枯萎病防治措施：

①枯萎病发展快，防治困难，感病后的植株很难救治。因此，应严格检疫，严防带病及带传播媒介（昆虫）的苗木、木材及其制品外流及传入。

②减少初侵染来源，及时处理病株和病枝条。

③对土壤进行消毒。用福尔马林 50 倍液，每平方米 4~8 千克淋土，或用热力法进行土壤消毒。

④选用抗枯萎病的品种，提高抗病能力。

3. 丛枝病

（1）丛枝病的类型、病状及发生规律

丛枝病是指植物的主、侧枝顶芽被抑制，侧芽受刺激而提早发育或发生许多不定芽，枝条的节间变短，叶片变小，枝叶密集成扫帚状，通常称为扫帚病。发生丛枝病的原因主要是类菌原体或真菌侵染，或植物本身生理机能失调所致，如泡桐丛枝病、枫杨丛枝病、竹丛枝病等。

①泡桐丛枝病。该病的病原为类菌质体 MLO，病原可在病株的根、干、枝叶内生存，4~5 月开始发病出现丛枝。当植物发病时，个别枝条的腋芽和不定芽萌发不正常的细弱小枝，小枝节间缩短，叶片小而黄，叶片紊乱，病小枝又抽出不正常的更细弱小枝，表现为局部枝叶密集成丛，冬态形同扫帚状。随着病害逐年发展，树体生长缓慢，树势衰弱，丛枝现象越来越多，最后全株都呈丛枝状而枯死。此病有

时发生在花上，使花器变形，花瓣变成小叶，柱头变成小丛枝，染病的花蕾在当年往往就可开花。

泡桐丛枝病是由直径为 200~820 纳米、圆形或椭圆形的植原体所致。植原体大量存在于韧皮部输导组织的筛管内，随汁液流动，通过筛板孔而侵染到全株。病害由刺吸式口器昆虫（如蝽、叶蝉等）在泡桐植株间传播，带病的种根和苗木的调运是病害远程传播的重要途径。种子繁殖的实生苗发病率低，行道树发病率高；白花泡桐、川泡桐、台湾泡桐较抗病。

②枫杨丛枝病。枫杨丛枝病多发生于侧枝上，幼树的主干和根颈萌发条上也有发生。发病初期，局部枝条丛生如扫帚状，病枝有背地性，基部稍肿大，病叶小且呈黄绿色，初生叶略带红色，边缘微卷曲。通过电子显微镜观察，枫杨丛枝病的病叶切片中有类细菌（BLO），病叶背面密生的白粉状物为病菌的分生孢子梗及分生孢子。

枫杨丛枝病比植原体引起的其他树木丛枝病蔓延慢得多。在自然情况下，常有病树与健树相邻，病枝与健枝相互交错，但经过几年，健株并未见发病；多年老病株也不一定是全株发病，即病菌对枫杨树体的侵染基本上是局部性的。此外，病菌在病枝内是多年生的，能从小枝扩展到较大的枝上。

③竹丛枝病。竹丛枝病是刚竹和淡竹等散生竹种和一些丛生竹种的常见病，在我国分布很广，江苏、安徽、上海、山东、河南、湖南、四川、山西、台湾等地均有发展，尤以华东地区较为常见。遭受丛枝病危害的竹种一般生长衰弱，春笋萌发少，逐渐使得竹林衰败，影响城市竹类的观赏价值。

竹丛枝病的发病初期仅在少数枝条上染病，病枝在春天新梢停止生长后仍继续延伸成多节细长的小枝，同样也会出现节间缩短、叶片变小的症状。随着丛生小枝逐年增多，发病中的竹林，老病株从下到上各侧枝形成典型的成团下垂，远观甚至成鸟巢状。该病最突出的诊断标志是病菌在病枝梢端叶鞘内产生大量白色米粒状物，即病菌的子实体。冬季病枝梢端多枯死，病竹能够数年内从少数枝条发病蔓延到全部枝条，最终导致全株枯死。

该病的发生常与竹林的抚育管理有关。养护管理不善、生长势弱、郁闭度大和土壤瘠薄的竹林类易发生此病，且多发于 4 年生以上的竹林。风雨大能增加病害的传播和蔓延。

（2）丛枝病防治措施

①加强检疫，防治危险性病害的传播和蔓延。

②植物配置时应选用抗病品种或选用培育无毒苗、实生苗。

③及时剪除发病初期的小枝，剪除同时应随同剪去后部健康枝段，伤口涂 1∶9 土霉素液保护。对于竹类则尽早彻底砍除病竹，老病株连根挖除。

④防治刺吸式口器昆虫。可喷洒 50%马拉硫磷乳油 1000 倍液或10%氯氰菊酯乳油 1500 倍液，或 40%杀扑磷乳油 1500 倍液等药剂。

⑤喷药防治。植原体引起的丛枝病，可用四环素、土霉素、金霉素、氯霉素 4000 倍液喷雾。真菌引起的丛枝病，可在发病初期直接喷50%多菌灵或 25%三唑酮的 500 倍液进行防治。

五、常见根部病害的防治方法

城市树木根部病害的种类较叶部、枝干病害的种类要少，但不容易被发现，等到地上部分症状明显时，已对树木造成毁灭性伤害。染病的幼苗或幼树在几天或一个生长季即可枯死，大树则在病害延续几年后枯死。根部病害的发生通常在地上部分可察觉，如叶色发黄、叶形变小、叶片提前凋落、放叶迟缓、植株矮化等。

城市树木病害的发生可能受到一个因素或两个以上因素的作用，直接导致病害发生的因素称为病原，它包括生物性病原和非生物性病原。生物性病原属于侵染性的，主要由真菌、细菌、病毒、线虫、藻类等引起，这类病原物大多属于土壤习居性或半习居性微生物，寄主范围广，腐生能力强，一旦在土壤中定殖下来就难以根除；非生物性病原如积水、施肥不当、空气组成发生变化等，属于非侵染性的，也称生理病害，这类病害在环境条件恢复正常时，树木的生长有逐步恢复正常的可能。

根部病害的发生初期不容易被发现，待地上植株出现一定症状时，有的病害已进入晚期。已经死亡的根系常会造成大量的腐生菌繁殖，继而取代原生的病原菌。此外，根部病害的发生通常与土壤因素有着相关性。例如，引起根病的病原物主要在土壤、病残体和球根上越冬，雨水或灌溉水在土壤中、地表流动可导致病原物的迁移，由此引起相邻或区域内的树木发生病害。

1. 根瘤病

该病主要发生在根颈处，有时也发生在主根、侧根以及地上部分的主干和侧枝上。受害处出现膨大，形成大小不等、形状不同的瘤。出生的小瘤呈灰白色或肉色，质地柔软，表面光滑，以后瘤会长成褐色或黑色，木质化，质地坚硬，表面粗糙甚至龟裂，有时溃烂。

根瘤病由根瘤土壤杆菌（细菌）引起，病原菌寄主十分广泛，尤其在蔷薇科植物感病普遍，多在偏碱性土壤内发生。病菌可在病瘤组织或土壤寄主植物的残体中存活 1 年以上，由树木的伤口侵入，刺激皮层细胞加快分裂，形成根瘤。病菌可通过灌溉水、雨水或地下害虫在植物间传播，从病菌侵入到症状出现的时间从数周至 1 年以上不等。病轻者植株叶色不正、生长迟缓、树势衰弱，叶片易提早凋落，景观效果变差；病重者可导致树木全株枯死。

根瘤病防治措施：

①严格执行植物检疫制度，引进或调出苗木时，发现病苗及时烧毁。

②对可疑苗木在栽植前以 1% 硫酸铜溶液浸泡 5 分钟后用水冲洗干净，然后栽植。

③加强栽培管理，增施有机肥，提高土壤 pH 值，增强树势。

④选择无病菌污染的土壤育苗和移植，避免造成伤口。如果苗圃受根瘤病污染，需进行 3 年以上的轮作，并对病圃用硫酸亚铁或硫黄粉等进行土壤消毒。

⑤采用生物制剂 K84（AR）、K1026、E26（AV）等菌体混合悬液浸根，可明显降低根瘤病的发病率。

⑥对于初发病株，切除根瘤，用石灰乳或波尔多液涂伤口，或用甲冰碘液（甲醇 50 份、冰醋酸 25 份、碘片 12 份）进行处理，可使病

瘤消除。

⑦发病早期用20%噻菌铜1000倍液浇灌根部进行防治。

2. 根结线虫病

病原根结线虫寄生在根皮与中柱之间，使根组织过度生长，结果形成大小不等的根瘤。根瘤大多数发生在细根上，感染严重时，可出现次生根瘤，并发生大量小根，使根系盘结成团，形成须根团。由于根系受到破坏，影响正常机能，使水分和养分难于输送，加上老熟根瘤腐烂，最后使病根坏死。在一般发病情况下，病株的地上部无明显病状，但随着根系受害逐步变得严重，树冠才出现枝短梢弱、叶片变小、长势衰退等病状。受害更重时，植株当年死亡，少数翌年春季死亡。

土壤温度对根结线虫的影响非常大。超过40℃或低于5℃时，任何根结线虫都缩短活动时间或失去侵害能力。当土壤含水量小时，根结线虫的卵和幼虫易死亡；当土壤含水量高时，卵会迅速孵化并侵染植物的根系。根结线虫一般在中性沙质土壤含水量20%左右时活动最为活跃，寄主植物也最容易发病。

根结线虫防治措施：

①加强检疫工作，严禁对染病植株进行调运和种植，发现病株要及时烧毁。

②加强肥水管理。对病树，可根据土壤肥力，适当增施有机肥料，并加强肥水管理，以增强树势，减轻本病的危害程度。对染病较重的沙质土壤，逐年改土，尽可能减轻危害。

③对已发现染病的区域进行消毒处理或轮作。土壤消毒处理可选用溴甲烷或克线磷施入土壤中。

④药剂处理。对成年病树，使用二溴氯丙烷有良好的防治效果。根据树龄和土质每株使用80%二溴氯丙烷40~60毫升，兑水7.5~15千克，施入土壤或环施于树木周围。如果先挖掉病根然后施药，效果更好。施药后要增施肥料，以促进新根增发，树势迅速恢复。

⑤化学防治。可先使用国光地杀颗粒剂 5~7 千克/亩*进行撒施，后使用国光乐克乳油 3000~5000 倍液进行浇灌，对根结线虫危害严重的，建议重复用 2 次。

3. 猝倒病

猝倒病又称立枯病，是许多针阔叶树幼苗的重要病害，也是城市树木幼苗的常见病害之一。引起该病的原因有侵染性和非侵染性病原两类。非侵染性病原主要有种植地积水、覆土过厚、土表板结或地表温度过高灼烧根颈。在我国，引起猝倒病的主要侵染性病原是丝核菌、腐霉菌、镰刀菌，偶尔也可由交链孢菌引起。三种菌可单独侵染，也可同时侵染，主要由当时的空气和土壤中的温度、湿度而定。侵染病原有较强的腐生性，越冬后，病原菌由土壤传向根系。

猝倒病防治措施：

猝倒病的防治应以育苗技术措施为主，化学防治为辅。

①每年都对土壤进行消毒。土壤中病菌少，则树木幼苗发病轻。

②精选种子，做好催芽工作，适时播种，保证出苗整齐、苗全、苗壮，增强树木抗病性。

③幼树发病期间，用 1%硫酸亚铁或 70%敌克松 500 倍稀释液喷雾，或 120 倍的纯波尔多液，每隔 10 天喷一次，共 3~5 次。如天晴土干，则可淋洒敌克松 500~800 倍液或绿稻宁可湿性粉剂 800~1000 倍液或 1%~3%硫酸亚铁溶液，以淋湿土壤表层为度，硫酸亚铁对苗木有药害，施用后应再喷清水洗苗。药土或药液每隔 10 天左右施用一次，共 2~3 次，可抑制病害发展。

④播种时使用壳聚糖，用量为 30~75 千克/公顷，可非选择性地提高土壤放线菌的数量，起到一定的防治作用。

4. 根腐病

根腐病是观赏树木的常见病害，由子囊菌、担子菌及半知菌亚门真菌引起，造成苗木及大树枯死。1 年生苗茎基部近土面处出现褐色斑，此时叶片开始失绿并下垂。当病斑包围整个茎基时，全株枯死。

---

* 1 亩≈667 平方米，余同。

叶片下垂，但不脱落。病苗枯死 3~5 天后，病皮易剥离，并在皮层内生有许多似炭屑的小菌核。

根腐病防治措施：

①加强栽培管理，注意排水，增施有机肥，增强树势。

②清除病残体，有条件时可进行土壤消毒，尤其在苗圃，用甲醛等药剂处理土壤。

③发病初期灌浇化学药剂，如使用甲基硫菌灵或 50% 多菌灵可湿性粉剂 1000 倍液，或代森铵水剂 400~600 倍液或 1：15：200 波尔多液等。

第六章
城市树木虫害防治

随着我国经济的快速发展，城市园林绿化发展迅速，并发挥了独特的生态作用。园林树木具有美化环境、净化空气、减低噪声、调节小气候等多种功能，在城市绿化建设中占有重要地位。但是，园林树木在生长发育过程中，常常遭受虫害，轻者影响树木生长、降低生长量，使其失去观赏价值及绿化效果；重者导致城市绿化树种、风景林等林木大片衰败或死亡，从而造成重大的经济损失。因此，保护好城市绿化树木，探索园林树木虫害的特点、防治原则、防治技术，制定一些常见虫害的防治方法，减轻林木虫害的侵袭，是城市园林发展中的一项重要工作，也是提高城市环境质量的重点。

一、城市树木虫害的特点和防治原则

园林植物虫害防治是以普通昆虫学为基础，以研究园林植物虫害发生为主要内容的一门科学。它是以园林植物为对象，研究园林植物虫害的诊断、识别、发生规律、调查测报和综合防治理论与技术的科学。

1. 城市树木虫害的特点

（1）城市植物种类的多样化导致虫害种类繁多

用于绿化环境的园林植物，就其种类而言，远远多于农作物和园艺作物。由于每一种植物害虫都有一定的寄主范围，种类繁多的园林植物为植物害虫提供了广泛的寄主，且其来源渠道也十分多样，致使植物虫害种类尤其繁多。据不完全统计，中国有园林植物害虫3397种，其他有害生物162种，寄主植物563种。

园林植物多应用于城市绿化和植物造景，往往一个地段和地块需要将多种植物如花、草、树木、地被植物等配置在一起，来达到理想的景观效果，因而形成了独特的园林生态环境。不同的景观所配置的植物种类和数量也不一样，不同地段和地块的生态环境又表现出了较大的差异，且每一种植物上的虫害种类、危害程度、发生时期不同，加上不同植物上的虫害也会发生交互感染，使得虫害的发生和危害相对复杂。

（2）虫害发生具有隐蔽性、突发性、不集中性

城市中除了园林局管理的公共绿地，还有很大面积由政府机关、部队、学校、企事业单位等管理的绿地，这使城市绿地的管理比较分散，不利于长期管护，造成城市树木虫害的发生具有隐蔽性，发生突然，往往在局部成灾，并迅速蔓延。城市生态环境是一个统一的整体，城市树木害虫是园林生态系统的一部分，由于这种分散的庭院式园林绿地分布较多，造成虫害发生不集中。

（3）城市树木生长环境条件影响其虫害的发生

由于人类频繁活动和干扰，下水道、煤气管道、电线电缆等诸多地下设施的影响，树木的地下生长空间极其狭窄，且土壤质量差、空气污染严重，城市树木生长环境恶劣，植株生长不健壮，抗性差，直接导致城市树木虫害的猖獗发生。

（4）城市树木害虫具有较强的适应性、抗逆性

城市树木害虫在城市园林生态系统中经过长期的适应，会在生物学特性乃至生理生态上产生不同程度的变异，其适应性和抗逆性等方

面都增强。

（5）引进园林植物出现新的虫害

随着经济全球化进程的加剧，中国城市园林绿化需要不断引入外来园林植物种类，植物配置和种植方式更加丰富，花卉、苗木及其产品的调运将更加频繁，虫害也会随之混入。许多危险性害虫一旦处理不当，将快速蔓延，往往能造成巨大的危害。

随着城市建设的发展和人们生活水平的提高，城市绿化越来越受到各地的重视，除园林植物造景之外，家庭养花也成为一种时尚，使得园林植物产品如盆花、苗木、草皮等的运输日渐频繁，这也给一些危险性的害虫远距离传播和扩散提供了更多的机会。由于受侵之地缺乏自然控制因子，危害和损失都十分惨重。

2. 城市树木虫害的防治原则

园林植物虫害防治是一个虫害控制的系统工程，根据经济、生态和社会效应的预测，以预防为主、综合防治的原则对虫害控制方案进行选择、综合和实施的过程。防治虫害应综合考虑人类、植物、有害生物、环境条件等各组分之间存在的复杂的关系，最大限度地减少影响整个园林绿化树木的生态系统。

（1）预防为主

要主动加强巡查力度，加强植物虫害的预测预报工作，选择最佳防治时间。预测预报工作是植物虫害防治工作的基础，应把虫害调查监测工作放在首位，确定专人，固定地域，以全面、及时地掌握虫害动态为基本目标，做到及时发现、及时处置。

（2）综合防治

城市园林植物虫害综合防治应以生态学为基础，以维护城市生态环境为宗旨，从生物与环境的整体观念出发，有机运用各种防治手段，建立一个以园林植物为主体的相对平衡的生态系统，并力求保持其相对稳定性，把虫害所造成的损失控制在最小，以不影响园林植物的正常生长和观赏。园林环境是人居环境，防治园林植物虫害，既要注重防治的有效性及持效性，也要注重人类健康生活的要求。

二、城市树木虫害防治技术

1. 进行严格的检疫

植物虫害防治的首要工作是加强植物检疫，严防危险性害虫的侵入。随着我国城市化进程的加快，城市建设进入了一个新的发展阶段，国内外园林部门间的种苗交换日益频繁。在引进或输出植物材料时，要把进苗地区尚未发现、繁殖力强、适应性广、危害性大、能随植物材料传播的危险性害虫种类作为重点检疫对象，发现传入的要就地封锁和消灭。如松干蚧、松干线虫、根结线虫、潜叶蝇等害虫均易随苗木传播。因此，在苗木引种调运过程中均需要实行严格的植物检疫。

2. 加强养护管理，提高植物的抗逆能力

这是综合防治中的一项基础措施，根据虫害的发生、危害和发展对外界环境条件、寄主等具有一定要求的原理，抓住影响害虫数量消长的主要生态因子，通过改善栽培、养护管理等一系列技术措施，来改变害虫的适生条件，为园林植物创造良好的生长发育环境，提高其抗虫害能力，以抑制虫害的发生。

虫害的发生和危害在相当程度上与植物的生长势相关。对生长势差的应及时施肥、浇水、松土锄草，提高植物自身的抗虫害能力，并结合秋冬季修剪，除去虫害枝条。这样不但可以调节植物养分，还可以减少越冬害虫来源，增强通风透光、增强树势，营造不利于害虫越冬、繁衍、危害的环境条件。

（1）选育抗病虫害品种

结合本地虫害发生的情况，选育抗虫害的园林植物品种，如银杏、广玉兰等，并在育苗、出苗时严把害虫携带关，这是防治园林虫害最经济有效的方法。

（2）适地适树和园林植物的多样性

采用常绿树与落叶树结合的方法将草坪、地被植物、乔灌木复层

种植，通过科学地搭配树种，建立合理的植物群落结构，充分发挥自然控制因素的作用，促进城市园林生态系统的稳定，提高植物对害虫危害的自我调控能力。

（3）合理的施肥措施

观赏植物若使用有机肥应充分腐熟，这样可把有机物中的害虫彻底杀死。使用无机肥时，氮、磷、钾的比例要合理。

（4）加强园林植物的修剪

及时修剪，以增强树势，结合修剪清除被害虫感染的植株、病枝及剩余物，以减少害虫来源。

（5）清洁园圃

大多数害虫的越冬卵均在园圃内的枯枝落叶或杂草中越冬，因此在冬季将园圃内的枯枝、落叶和杂草彻底清除销毁，改善卫生状况，可以大大地减少各种虫害源。

（6）树干涂白

树干涂白不仅能有效地防止冬季树木的冻害、日灼，破坏病虫的越冬场所，杀死在树皮里越冬的螨类、蚧类等，还能阻止翌年天牛成虫产卵，起到既防冻又杀虫的双重作用。

3. 推广应用天敌防治技术

无公害防治不会破坏生态平衡，不污染环境，不伤害天敌，是今后防治虫害研究的主攻方向。在园林植物虫害防治中也应加强这方面的研究，如以虫治虫、以菌治虫、以鸟治虫等，还可利用黑光灯、性外激素、激光等消灭害虫，或使其产生遗传性生理缺陷，导致雄虫不育，提高防治害虫的水平和效果。

（1）以虫治虫

通过保护和利用寄生性或捕食性天敌来防治害虫，如利用土耳其扁谷盗防治柏小蠹，利用赤眼蜂防治槐尺蠖，利用红缘瓢虫防治草履蚧等。

（2）以鸟治虫

保护和利用益鸟来防治害虫，如利用啄木鸟防治双条杉天牛，利用灰喜鹊防治松毛虫。家禽也可利用，如养鸡防治槐尺蠖。

4. 选择使用生物农药

生物农药在虫害防治过程中能有效地保护天敌，消灭害虫，对环境污染小，相对于化学农药来讲对虫害的控制作用具有持久性。如利用 Bt 乳剂防治槐尺蠖，每年喷 2 次药即可控制其危害，而用化学农药每代害虫都必须防治 2 次以上。生物农药除了 Bt 乳剂、灭幼脲外，最近几年生产的花保、烟参碱等都是防治园林虫害的首选植物杀虫剂。

5. 物理机械防治法

根据害虫的某些习性，使用工具、设备或创造害虫所喜欢的物质条件，利用光、热、辐射等机械、物理防治以及人工防治方法防治害虫。此法因简便易行，又无污染，特别适合于城市园林。

（1）灯光诱杀

利用夜蛾、刺蛾、毒蛾、螟蛾、枯叶蛾、叶蝉、金龟子成虫等害虫具有趋光性的特点，设置黑光灯在其成虫发生盛期进行诱杀。

（2）潜所诱杀

利用害虫（如柳毒蛾幼虫、松毛虫、叶螨等）秋季下树越冬的特性，在树干上绑扎草绳，引诱害虫在其中越冬，翌春解下草绳并烧毁可杀灭害虫。

（3）以激素治虫

利用昆虫的性外激素作为引诱剂，诱杀害虫。目前已经人工合成的昆虫性外激素化合物达 1000 多种，其中商品化的有 280 种，在我国棉红铃虫、棉铃虫、梨小食心虫等性外激素已被广泛用于虫情预报。

6. 人工防治

刮除树干或建筑物上的舞毒蛾卵，挖出槐附近松土里的槐尺蠖蛹，采摘杨天社蛾的虫苞，震落捕杀槐尺蠖、油松毛虫、天幕毛虫的幼虫，刮除树干上的介壳虫，剪除虫枝、虫叶等。

7. 正确使用化学农药

化学防治只在必需应急时采用，实施靶标防治，尽可能地选用选择性强、低毒、对环境污染小的药剂。利用化学药剂来防治虫害的方法，主要作用是解决突发或大面积严重发生虫害。其优点是功效快，便于机械化和大面积应用，受影响的因素较少，但也存在着杀伤天敌、产生抗性、污染环境等明显的副作用。因此，在使用化学农药的时候一定要掌握正确的使用方法。首先，必须对农药及其剂型、防治对象及农药的各种使用方法、农药的毒性等具备正确的认识；其次，需要熟悉和掌握各类农药的性能，明确农药对被保护植物的影响（如刺激生长发育、植物的耐药性和产生药害的条件等），调查分析害虫等在各个不同地区的发生规律，以及气象条件（光照、温度、湿度、风等）对虫害等发生、发展和对农药发挥作用的影响等。最后，必须为使用农药准备好所需的各种条件和安全防护措施，同时对操作人员进行严格的技术培训。

（1）抓住有利于施药的气象条件

气象的变化直接影响农药的使用效果。就温度而言，大多数农药适宜的施药温度是 20~30℃，温度过高或过低都会影响药效的发挥。一般应选择上午 10 时以前或下午 15 时以后的晴天施药，降雨对农药的使用效果影响较大，雨水可冲淡、冲刷掉叶面上的药剂。如在喷药后 24 小时内下雨，需要重新喷药。

（2）抓住病虫害最薄弱的环节和最有利于大量杀伤的时机施药

一般虫害在生活史的不同阶段，对农药的反应和敏感程度有显著差别，害虫在初孵化至 3 龄之前抗药性最弱，特别是卵孵化期和幼虫的蜕皮期是施药的最佳时期。

（3）抓住保护对象对药剂不敏感期施药

植物的不同生育阶段和不同的植物对农药的反应不同，幼苗、开花阶段耐药力较差，长势很弱、营养不良的植物就更易产生药害。

（4）抓住天敌的安全期施药

在虫害防治中要注意保护天敌，以维护生态平衡。如在天敌昆虫的卵期或蛹期施药则可以达到控制害虫保护天敌的目的。

（5）对可以兼治的病虫害要实行兼治

尽量减少用药次数，避免污染环境和病虫抗药性的产生，准确掌握每种药剂对每个防治对象的使用浓度和极限浓度。

（6）要注意药物的交替使用

尽量减缓防治对象抗药性的产生，同时根据防治目的，选择适宜的农药剂型来提高防治效果。对不同的防治对象，应根据它的特点、植物和环境等因子选用不同的药剂剂型进行防治。如防治食叶害虫，一般采用乳油、可湿性粉剂；防治地下害虫，一般采用粉剂、乳剂等配成毒土处理土壤。

（7）改进施药技术

目前，城市虫害防治大多使用常规喷雾方法。据测算，常规喷雾从施药器械喷洒出去的农药只有 25%～50% 沉积在植物叶片上，不足 1% 的农药沉积在靶标害虫上，而仅有 1%～3% 的药剂能起到杀虫作用。这种施药方法不仅效率低，造成农药浪费，还使大量农药流失到非靶标环境中，造成人畜中毒，环境污染。因此，必须改进化学农药的施用技术（特别是喷雾），提高农药的利用率，降低农药在非靶标环境中的投放量，保护我们赖以生存的环境。

三、常见地下虫害的防治方法

地下害虫指的是一生或一生中某个阶段生活在土壤中，危害植物地下部分、刚发芽的种子、幼苗或近土表主茎的杂食性昆虫。地下害虫给苗木带来很大危害，严重时常造成缺苗、断垄等。其种类很多，主要有直翅目的蝼蛄、蟋蟀，鞘翅目的金针虫、蛴螬，鳞翅目的地老虎，同翅目的根蚜、根蚧及双翅目的种蝇、根蛆等。危害最大的是地老虎、蛴螬、蝼蛄和金针虫。

我国南北气候差异大，苗木种类多，各地的地下害虫种类有很大差异。一般来说，秦岭、淮河以南以地老虎为主，秦岭、淮河以北以蝼蛄、蛴螬为主，江浙一带蝼蛄、蛴螬、地老虎危害较重，华南大蟋蟀危害严重。

1. 蝼蛄类

（1）蝼蛄类主要害虫

①华北蝼蛄（*Gryllotalpa unispina* Saussure）。又名单刺蝼蛄、大蝼蛄、拉拉蛄、地拉蛄、土狗子、地狗子。是一种杂食性害虫，能危害多种花卉、果木、林木和多种球根、块茎植物，主要咬食植物的地下部分。分布于江苏、河南、河北、山东、山西、陕西等地。

②东方蝼蛄（*Gryllotalpa orientalis* Burmeister）。杂食性害虫，对针叶树播种苗和经济作物苗危害严重。分布全国，以辽宁及长江以南等地发生量大。

（2）蝼蛄类的防治措施

①药剂防治。40%的乐果乳油 0.5 千克，加水 20~30 千克，用于 200~300 千克种子；或 50%辛硫磷乳油 0.5 千克，加水 25~50 千克，用于 250~500 克种子；或 40%甲基异硫磷乳油 0.5 千克，加水 40 千克，用于 400~500 千克种子。

②栽培措施防治。

a. 改变其适生环境。结合农田基本建设，适时翻耕，改造低洼易涝地，改变地下害虫的发生环境，这是防治的根本措施。

b. 除草灭虫。消除杂草可消灭地下害虫成虫的产卵场所，减少幼虫的早期食物来源。

c. 灌水灭虫。在地下害虫发生时间，及时浇灌可有效防治。

d. 合理施肥。增施腐熟肥，能改良土壤，促进作物根系发育、壮苗，从而增强其抗虫能力。

③保护和利用天敌。在苗圃周围栽植杨、刺槐等防风林，招引戴胜、喜鹊、黑枕黄鹂和红尾伯劳等食虫鸟。

④人工捕杀。羽化期间，晚上 7~10 时灯光诱杀；苗圃的步道间每隔 20 米左右挖一个小土坑，将马粪、鲜草放入坑诱集，次日清晨可到坑内集中捕杀。

2. 地老虎类

（1）地老虎类主要害虫

①小地老虎（*Agrotis ypsilon* Rottemberg）。又名土蚕、切根虫。对农、林木幼苗危害很大，轻则造成缺苗断垄，重则毁种重播。在东北主要危害落叶松、红松、水曲柳、胡桃楸等苗木，在南方危害马尾松、杉木、桑、茶等苗木，在西北危害油松、沙枣、果树等苗木。分布比较普遍，主要发生在长江流域、东南沿海区，东北多发生在东部和南部湿润区。

②大地老虎（*Agrotis tokionis* Butler）。又名黑虫、地蚕、土蚕、切根虫、截虫。分布比较广泛，北起黑龙江、内蒙古，南至福建、江西、湖南、广西、云南。食性较杂，常与小地老虎混合发生，长江沿岸部分地区发生较多，北方危害较轻。

（2）地老虎类的防治措施

①诱杀防治。在危害盛期用黑光灯或糖醋酒液诱杀成虫，用毒饵或堆草诱杀幼虫，或人工捕捉。

②药剂防治。

a. 用90%晶体敌百虫1000倍液，或50%敌敌畏乳油1000倍液喷雾防治。

b. 幼虫危害盛期用毒饵诱杀。将饼肥碾碎炒香，用50%辛硫磷乳油，加水5~10千克稀释，喷洒在25千克的饼肥上，每公顷用量为75千克，撒在圃地上。

c. 药剂处理土壤。将5%辛硫磷颗粒剂33千克/公顷加上筛过的细土200千克，拌匀后施入幼苗周围，按穴施入。

③苗地管理。杂草是地老虎产卵的主要场所及幼龄幼虫的饲料，清除田间杂草对防治地老虎危害有一定作用。也可将嫩草散布在地面诱捕3龄以上幼虫，或用毒饵诱杀，用大水漫灌可杀死产在地面杂草上的卵及大量初龄幼虫。

④人工捕杀。清晨巡视圃地，发现断苗时刨土捕杀幼虫。

3. 蛴螬类

（1）蛴螬类主要害虫

①小青花金龟（*Oxycetonia jucunda* Faldermann）。又名小青花潜。主要危害悬铃木、榆、槐、柳、马尾松、云南松、玫瑰、月季、菊花、丁香、萱草、石竹等。分布于东北、华北、华东、中南、陕西、四川、云南、台湾等地。

②白星花金龟（*Protaetia brevitarsis* Lewis）。主要危害雪松、蜀葵、女贞、月季、榆、木槿、美人蕉、柳、麻栎等。分布于东北、华北、华东、华中等地区。

③黑绒鳃金龟（*Serica orientalis* Motschulsky）。主要危害蔷薇科果树、柿、葡萄、桑、杨、柳、榆和各种农作物及十字花科等40多科约150种植物。广泛分布于我国大部分地域。

④苹毛丽金龟（*Proagopertha lucidula* Faldermann）。主要危害苹果、梨、桃、樱桃、李、杏、海棠、葡萄、豆类、葱及杨、柳、桑等植物，以成虫食害花蕾、花芽、嫩叶等。在发生盛期，1个花丛上常集10余头，将花蕾吃光，此种现象主要发生于山地果园。分布于吉林、辽宁、河北、河南、山东、山西、陕西、甘肃、安徽、江苏等地。

（2）蛴螬类的防治措施

①消灭成虫。对花金龟，在果树吐蕾和开花前，喷50%1605乳油1200倍液，或40%乐果乳油1000倍液，或75%辛硫磷乳油、50%马拉硫磷乳油1500倍液；金龟子危害的初盛期，在日落后或日出前，施放烟雾剂，每亩用量1千克；利用金龟子的趋光性，可设黑光灯诱杀；利用金龟子的假死性，震落捕杀。

②除治幼虫。

a. 苗木生长期发现蛴螬危害，用50%1605乳油、75%辛硫磷乳油、25%乙酰甲胺磷乳油、25%异丙磷乳油、90%敌百虫原药等，兑水1000倍稀释灌注根际。

b. 11月前后冬灌和5月上旬生长期适时浇灌大水，可减轻危害；加强圃地管理，中耕除草，破坏蛴螬生存环境和利用机械将其杀死。

4. 金针虫类

（1）金针虫类主要害虫

①沟金针虫（*Pleonomus canaliculatus* Faldermann）。危害各种树木及蔬菜作物等。分布于辽宁、河北、内蒙古、山西、河南、山东、江苏、安徽、湖北、陕西、甘肃、青海等地，属于多食性地下害虫。

②细胸金针虫（*Agriotes subrittatus* Motschulsky）。主要危害禾谷类、豆类、棉花等作物的幼芽和种子，也可咬断刚出土的幼苗或钻入较大的苗根取食。分布于黑龙江、吉林、内蒙古、河北、陕西、宁夏、甘肃、陕西、河南、山东等地。

（2）金针虫类的防治措施

①栽培措施防治。苗圃地精耕细作，通过机械损伤或将虫体翻出土面让鸟类捕食，以降低金针虫的虫口密度。

②诱杀成虫。用3%亚砷酸钠浸过的禾本科杂草诱杀成虫。

③土壤处理。做床育苗时采用3%呋喃丹颗粒剂10克/平方米施入床面表土层内，用50%辛硫磷颗粒剂按30～37.5千克/公顷施入表土层。苗木出土或栽植后如发现金针虫危害，可逐行在地面撒施上述毒土后随即用锄掩入苗株附近的表土内。

④药剂拌种。用50%1605乳剂100克兑水5～10千克，拌种50～100千克。拌种方法：将种子平放在地上，用喷雾器边喷药边翻拌种子，翻动均匀，使种子充分湿润，用麻袋盖上闷种3小时，摊开晾干播种。

5. 蟋蟀类

（1）蟋蟀类主要害虫

大蟋蟀（*Brchytrupes portentosus* Lichtenstein）食性杂，主要危害茶等林木和许多旱地作物幼苗。咬断幼苗茎部，造成缺苗、断行。分布于广东、广西、福建、台湾、云南、江西南部等。

（2）蟋蟀类的防治措施

①坑诱捕杀。每亩挖0.3米×0.5米的坑3～4个，坑内放入加上毒饵的新鲜畜粪，再用鲜草覆盖，可以诱集大量蟋蟀成虫、若虫前来取

食，翌日清晨进行捕杀。

②毒饵诱杀。选用炒香的谷皮、米糠、油渣、麦麸等50千克，再将90%敌百虫0.5千克溶于15千克水中，或用40%的氧化乐果800倍液拌成毒饵，于傍晚前诱杀。

③人工捕杀。根据洞口有松土的标志，挖掘洞穴，捕杀成虫、若虫。

四、常见食叶虫害的防治方法

食叶害虫是指取食植物叶片的害虫，种类繁多，主要有鳞翅目的袋蛾、刺蛾、灯蛾、卷叶蛾、斑蛾、尺蛾、枯叶蛾、舟蛾、螟蛾、天蛾、毒蛾及蝶类，还包括鞘翅目的叶甲、金龟子，膜翅目的叶蜂，直翅目的蝗虫等。这类害虫的特点是：均以咀嚼式口器取食植物叶片，造成叶片残缺不全，甚至将叶片吃光，为蛀干害虫侵入提供适宜条件；大多数食叶害虫因裸露生活，受环境因子影响大，其虫口密度变化大；多数种类繁殖能力强，产卵集中，易爆发成灾，往往具有主动迁移、迅速扩大危害的能力。

1. 卷叶蛾类

（1）卷叶蛾类主要害虫

苹褐卷蛾（*Pandemis heparana* Schiffermüller），又称苹果褐卷叶蛾。主要危害苹果、桃、李等果树以及牡丹、山茶、榆、柳、蔷薇、海棠、绣线菊等园林植物。幼虫取食新芽、嫩叶和花蕾，常吐丝缀叶或纵卷1叶，隐藏在卷中、缀叶内取食。严重时植株生长受阻，不能正常开花，另外还啃食果皮和果肉，造成虫疤，降低果品质量。

（2）卷叶蛾类的防治措施

①栽培措施防治。加强栽培管理，缩短适宜卷蛾成虫产卵、繁殖的梢龄期；在树木休眠期彻底刮除树体粗皮、翘皮、剪锯口周围死皮，消灭越冬幼虫。

②生物防治。利用赤眼蜂进行生物防治。发生期隔株或隔行放蜂，每代放蜂3~4次，间隔5天，每株放有效蜂1000~2000头。

③药剂防治。越冬幼虫出蛰盛期及第一代卵孵化盛期后是施药的关键时期，可用 80% 敌敌畏乳油、48% 毒死蜱乳油、25% 喹硫磷、50% 杀螟松、50% 马拉硫磷乳油 1000 倍液、2.5% 功夫、2.5% 敌杀死乳油、20% 氰戊菊酯乳油 3000~3500 倍液、10% 联苯菊酯乳油 4000 倍液或 52.25% 农地乐乳油 1500 倍液，以及其他菊酯类杀虫剂或菊酯与有机磷复配剂。

2. 刺蛾类

（1）刺蛾类主要害虫

①黄刺蛾（*Cnidocampa flavescens* Walker）。幼虫俗称洋辣子、八角等。分布几乎遍及全国。以幼虫危害枣、胡桃、柿、枫杨、苹果、杨等 90 多种植物，可将叶片吃成很多孔洞、缺刻或仅留叶柄、主脉，严重影响树势和果实产量。

②青刺蛾（*Latoia consocia* Walker）。主要危害大叶黄杨、月季、海棠、牡丹、芍药等绿植，苹果、梨、桃、李、杏、等果树和杨、柳、悬铃木、榆等林木。幼虫食性很杂，除危害龙眼和荔枝外，还能危害柑橘等多种果树和林木。幼虫咬食果树、林木叶片，造成缺刻，严重时常将全叶食光，仅留枝条、叶柄，影响果树生长和结果。

③扁刺蛾（*Thosea sinensis* Walker）。除危害枣外，还危害苹果、梨、桃、梧桐、枫杨、白杨、泡桐等多种果树和林木。扁刺蛾以幼虫取食叶片危害，发生严重时，可将寄主叶片吃光，造成严重减产。

（2）刺蛾类的防治措施

①消灭越冬虫茧。可结合抚育修枝、松土等进行，特别是黄刺蛾目标明显，可人工杀虫茧。

②药剂防治中小龄幼虫。可喷施 50% 敌敌畏 800~1000 倍液、50% 马拉硫磷或 50% 杀螟松 1000~2000 倍液、20% 亚胺硫磷 1000~15 000倍液。

③利用黑光灯诱杀成虫。

④人工摘除虫叶。初孵幼虫有群集性，且目标明显，可人工摘除虫叶。

⑤保护和利用天敌，如上海青蜂、姬蜂等。

3. 舟蛾类

（1）舟蛾类主要害虫

①杨扇舟蛾（*Clostera anachoreta* Fabricius）。又名杨树天社蛾。遍布全国各地，是杨树的主要害虫，以幼虫危害杨树、柳树叶片，严重时可食尽叶片，影响树木生长。

②槐羽舟蛾（*Pterostoma sinicum* Moore）。主要危害槐、紫薇、紫藤、海棠等，易与槐尺蠖同期发生，严重时，常将叶片食光。

③杨二尾舟蛾（*Cerura menciana* Moore）。主要危害杨树与柳树。成虫体长 28~30 毫米，翅展 75~80 毫米，全体灰白色。东北、华北、华东及长江流域均有分布。

（2）舟蛾类的防治措施

①消灭越冬蛹，可结合松土、施肥等挖除蛹。

②人工摘除卵块、虫苞，特别是第一、第二代，可抑制其扩大成灾。

③幼龄虫期喷施 50% 杀螟松乳油 1000 倍液。

④利用黑光灯诱杀成虫。

⑤保护和利用天敌，如黑卵蜂、舟蛾赤眼蜂、小茧蜂等，还可用青虫菌、苏云金杆菌等微生物制剂。

4. 毒蛾类

（1）毒蛾类主要害虫

①杨毒蛾（*Leuoma candida* Staudinger）。又名杨雪毒蛾。以幼虫取食杨树和柳树叶片，严重时将叶片吃光，影响树木生长甚至导致死亡。分布于东北、西北、华北、华东等地。

②柳毒蛾（*Stilprotia salicis* Linnaeus）。又名雪毒蛾。幼虫主要危害中东杨、小叶杨和柳树。分布北起黑龙江、内蒙古、新疆，南至浙江、江西、湖南、贵州、云南，淮河以北密度较大。

③舞毒蛾（*Lymantria dispar* Linnaeus）。又名苹果毒蛾、柿毛虫、

秋千毛虫。幼虫主要危害叶片，几周内可把树叶吃光。遍布南北各地。

（2）毒蛾类的防治措施

①消灭越冬虫体。如刮除舞毒蛾卵块，搜杀越冬幼虫等。

②对有上下树习性的幼虫，可用溴氰菊酯毒笔在树干上划 1~2 个闭合环毒杀幼虫，死亡率达 86%~99%，残效 8~10 天，也可绑毒绳等组织幼虫上下树。

③利用灯光诱杀成虫。

④低矮的林木、花卉可结合其他管理措施，人工摘除卵块及群集的初孵幼虫。

⑤药剂防治。幼虫期喷施 5% 定虫隆乳油 1000~2000 倍液或 80% 敌敌畏乳油 1500 倍液。

⑥保护和利用天敌。

5. 灯蛾类

（1）灯蛾类主要害虫

美国白蛾（*Hyphantria cunea* Drury）又名美国灯蛾、秋幕毛虫、秋幕蛾，是世界性的检疫害虫。以幼虫在寄主植物上吐丝做网幕，取食叶片，主要危害果树和观赏树木，尤其以阔叶树为重。分布于辽宁、天津、河北、山东、上海、陕西等地，目前已被列入我国首批外来入侵物种。

（2）灯蛾类的防治措施

①加强检疫工作，严禁疫区苗木外运。

②发现疫情时，应根据实际情况，人工摘除卵块、孵化后尚未分散的网幕以及蛹、茧等。若幼虫已经分散，可喷施辛硫磷乳油或 80% 敌敌畏乳油 1000 倍液，或 20% 氰戊菊酯乳油 4000 倍液。

③对带虫原木进行熏蒸处理。用 56% 磷化铝片剂 15 克/立方米熏蒸 72 小时，或用溴甲烷 20 克/立方米熏蒸 24 小时。

6. 袋蛾类

（1）袋蛾类主要害虫

①大袋蛾（*Clania vartegata* Snellen）。又名大蓑蛾、避债蛾。以幼

虫取食悬铃木、刺槐、泡桐、榆等多种植物的叶片，易爆发成灾，对城市绿化影响很大。分布于华东、华南、西南等地，山东、河南发生严重。

②茶袋蛾（*Clania minuscula* Butler）。又名小袋蛾，以幼虫取食悬铃木、杨、柳、女贞、榆、枸橘、紫荆等多种树木及花卉的叶片。分布于华东、湖南、陕西、四川、台湾等地。

（2）袋蛾类的防治措施

①摘除越冬虫茧。冬季和早春集中摘除，消灭越冬幼虫。平时也可结合日常管理工作，顺手摘除护囊，特别是植株低矮的树木及花卉操作更简便。

②药剂防治。在初龄幼虫期喷洒杀虫剂，如80%敌敌畏乳剂800倍液、50%乙酰甲胺磷乳剂1000~1500倍液。喷药时应注意寻找"危害中心"，以节省农药和人力，提高防效。

③利用黑光灯或性信息素诱杀雄成虫。

④保护和利用天敌。袋蛾幼虫的寄生蜂、寄生蝇种类较多，尤其伞裙追寄蝇寄生率可高达50%以上。因此，人工摘除的护囊可放入纱网内，使天敌羽化后能飞出。另外，还可用微生物制剂防治袋蛾幼虫，如核型多角体病毒、青虫菌等。

7. 夜蛾类

（1）夜蛾类主要害虫

斜纹夜蛾（*Prodenia litura* Fabricius）又名莲纹夜蛾、夜盗虫、乌头虫。以幼虫取食叶片、花蕾及花瓣，危害月季、香石竹、菊花、枸杞等多种低矮的园林植物。分布于东北、华北、华中、华西、华南等地，以长江流域和黄河流域各省危害严重。

（2）夜蛾类的防治措施

①清除园内杂草或于清晨在草丛中捕杀幼虫。结合水肥管理，人工摘除虫蛹。

②微生物杀虫剂。如Bt乳剂或青虫菌六号液剂500~800倍液。

③灯光诱杀成虫或用糖醋液（糖∶酒∶水∶醋为2∶1∶2∶2）加

少量敌百虫诱杀。

④初孵幼虫期及时喷药，用 50%辛硫磷乳油 1000 倍液、2.5%溴氰菊酯乳油 3000~5000 倍液、5%定虫隆乳油 1000~2000 倍液等。

⑤人工摘除卵块、初孵幼虫或蛹。

8. 螟蛾类

（1）螟蛾类主要害虫

①黄翅缀叶野螟（*Botyodes diniasalis* Walker）。又名杨黄卷叶螟。幼虫喜在嫩叶上吐丝缀叶危害，受害叶被连呈饺子状或筒状，发生严重时叶片被食光，枝梢变成"秃梢"，主要危害杨、柳等林木。分布于河南、山东、河北、山西、北京等地。

②松梢螟（*Dioryctria splendidella* Herrich-Schaeffer）。又名松干螟、钻心虫、云杉球果螟。以幼虫钻蛀主梢，引起侧梢丛生，树冠呈扫帚状，严重影响树木生长。幼虫蛀食球果影响种子产量，也可蛀食幼树枝干，造成幼树死亡，主要危害五针松、云杉、湿地松、红松等。主要分布于黑龙江、陕西、江苏、浙江、福建、广东、云南等地。

（2）螟蛾类的防治措施

①消灭越冬虫源。如秋季清理枯枝落叶及杂草，并集中烧毁。

②幼虫危害期，人工摘除虫苞。

③利用黑光灯光诱杀成虫。

④大面积发生时，可在初孵幼虫期喷 90%敌百虫 1000 倍液，或50%二溴磷乳油 1500 倍液、80%敌敌畏乳油 1000~1500 倍液，或 50%辛硫磷乳油 1200 倍液。

⑤生物防治。卵期释放赤眼蜂，幼虫期施用白僵菌等。

9. 尺蛾类

（1）尺蛾类主要害虫

①槐尺蠖（*Semiothisa cinerearia* Bremer et Grey）。又名吊死鬼、槐尺蛾。分布于北京、河北、山东、江苏、浙江等地。以幼虫取食叶片，主要危害槐、龙爪槐，有时也危害刺槐，严重时可使植株死亡。

②黄连木尺蛾（*Culcula panterinaria* Bremer et Grey）。以幼虫取食叶片，一旦发生来势凶猛，难以防治。分布于河北、河南、山东、山西、四川、台湾等地。

（2）尺蛾类的防治措施

①结合水肥管理，人工摘除虫蛹。

②药剂防治。初龄幼虫期喷洒杀虫剂，如75%辛硫磷乳油1000倍液、80%敌敌畏乳油1000~1500倍液、25%三氟氯氰菊酯乳油3000~10 000倍液。

③利用黑光灯诱杀成虫。

④在行道树上结合卫生清扫，人工捕杀落地准备化蛹的幼虫。

10. 天蛾类

（1）天蛾类主要害虫

①霜天蛾（*Psilogramma menephron* Gramer.）。又名泡桐灰天蛾、梧桐天蛾、灰翅天蛾。幼虫取食植物叶片表皮，使受害叶片出现缺刻、孔洞，甚至将全叶吃光。主要危害白蜡、金叶女贞和泡桐，同时也危害丁香、悬铃木、柳、梧桐等多种园林植物。分布于华北、华南、华东、华中、西南各地。

②桃天蛾（*Marumba gaschkewitschii* Bremer et Grey）。又名桃六点天蛾、枣天蛾、枣豆虫、桃雀蛾、独角龙。以幼虫啃食枣叶，发生严重时，常逐枝吃光叶片，甚至全树叶片被食殆尽，严重影响产量和树势。我国大部分地区均有分布。

③豆天蛾（*Clanis bilineata tsingtauica* Mell）。又名刺槐天蛾。以幼虫食害叶片，主要危害刺槐、大豆、藤萝等。主要分布于我国黄淮流域和长江流域及华南地区，除西藏尚未查明外，其余各地均有分布。

（2）天蛾类的防治措施

①结合耕翻土壤，人工挖蛹。

②根据树下虫粪寻找幼虫进行捕杀。

③虫口密度大、危害严重时，在幼虫期喷80%敌敌畏1000倍液、

50%杀螟松乳油 1000 倍液、50%辛硫磷乳油 2000 倍液。

④利用黑光灯诱杀成虫。

11. 潜蛾类

（1）潜蛾类主要害虫

①杨白潜蛾（*Leucoptera susinella* Herrich-Schaffer）。是杨树的主要害虫之一，不仅危害欧美杨，而且还危害毛白杨，杨树叶片被潜食后变黑、焦枯，严重时满树枯叶，提前脱落，对树木生长影响很大。分布于内蒙古、黑龙江、吉林、辽宁、河北、山东、河南等地。

②杨银叶潜蛾（*Phyllocnistis saligna* Zeller）。主要危害杨树苗木及幼树。初孵幼虫潜入叶片食害叶肉，被害叶片留有弯曲的虫道，影响叶片的光合作用，发生严重时，整个叶片仅留叶皮及叶脉。分布于东北、内蒙古、河北、北京、河南、山东等地。

（2）潜蛾类的防治措施

①在发生严重的地方，4 月以前扫除落叶，集中烧毁。

②杨树苗木出圃后收集落叶，消灭在叶片上越冬的蛹。

③药剂防治。在幼虫孵化初期、盛期和成虫交尾产卵时，喷 40%乐果乳油，或 50%马拉硫磷乳油 800～1000 倍液，或 50%杀螟松乳油 1500～2000 倍液。

④利用黑光灯诱杀成虫。

12. 叶甲类

（1）叶甲类主要害虫

①白杨叶甲（*Chrysomela populi* Linnaeus）。又名白杨金花虫。以幼虫及成虫危害多种杨、柳的叶片。分布于东北、华北、陕西、内蒙古、河南、湖北、新疆等地。

②柳蓝叶甲（*plagiodera versicolora* Laicharting）。成虫、幼虫取食叶片成缺刻或孔洞，主要危害各种柳、杨树。分布于东北、华北、西北、华东、西南等地。

（2）叶甲类的防治措施

①严格进行检疫，发现被害植株应整株去除并烧毁。

②选育和利用抗虫品种。

③保护和利用天敌。如椰扁甲啮小蜂（*Tetrastichus brontispae* Ferr）可寄生于幼虫和蛹，绿僵菌对椰心叶甲幼虫、蛹和成虫的杀伤力都很强。

④消灭越冬虫体。清除墙缝、石砖、落叶、杂草等处越冬的成虫，减少虫口基数。

⑤老熟幼虫群集树杈、树皮缝等处化蛹时，集中搜集杀死。

⑥药剂防治。各代成虫、幼虫发生期喷洒90%敌敌畏1000~1500倍液，或2.5%溴氰菊酯800~1000倍液，也可根施呋喃丹颗粒剂等内吸性杀虫剂。

13. 枯叶蛾类

（1）枯叶蛾类主要害虫

①马尾松毛虫（*Dendrolimus punctatus* Walker）。又名毛辣虫、毛毛虫。是我国历史性森林害虫，以幼虫取食松针，大发生时连片松林在数日内即可被蚕食精光，远看枯黄、焦黑，如同火烧一般，常称为"不冒烟的森林火灾"。主要危害马尾松，亦危害黑松、湿地松、火炬松。分布于我国秦岭至淮河以南各省。被害松林，轻者影响生长，重者造成松树枯死。马尾松毛虫危害后容易招引松墨天牛、松纵坑切梢小蠹、松白星象等蛀干害虫的入侵，造成松树大面积死亡。

②油松毛虫（*Dendrolimus tabulaeformis* Tsai et Liu）。主要危害樟子松、华山松和白皮松，是森林害虫中发生量大、危害面广的主要森林害虫，有些与赤松毛虫或落叶松毛虫混合发生。主要分布于北京、河北、辽宁、内蒙古、宁夏、甘肃等地。

③落叶松毛虫（*Dendrolimus superans* Butler）。危害落叶松，还危害红松、油松、樟子松、云杉、冷杉等针叶树种。食害针叶，爆发时吃光针叶，使枝干形同火烧，严重时使松林成片枯死。为中国特有种，是中国东北林区的重要害虫。

④杨枯叶蛾（*Gastropacha populifolia* Esper）。又名柳星枯叶蛾、白杨毛虫、杨柳枯叶蛾、白杨枯叶蛾等。幼虫主要寄生在杨、柳、栎、苹果、梨、杏、桃、李、樱花、梅花等。分布于河北、华东、华北、

东北、西南等地。

（2）枯叶蛾类的主要防治措施

①消灭越冬虫体。在城市中一般无大面积纯林，可结合修剪、肥水管理等消灭越冬虫体。

②物理机械防治。在幼虫越冬前，干基绑草绳诱杀；人工摘除卵块或孵化后尚群集的出龄幼虫及蛹茧；利用黑光灯诱杀成虫。

③药剂防治。发生严重时可用2.5%溴氰菊酯乳油4000~6000倍液，或5%敌敌畏乳油2000倍液，或50%磷铵乳剂2000倍液，或25%灭幼脲三号1000倍液喷雾防治。

④生物防治。利用松毛虫卵寄生蜂；用白僵菌、青虫菌、松毛虫杆菌等微生物制剂使幼虫致病；保护、招引益鸟。

14. 叶蜂类

（1）叶蜂类主要害虫

①松黄叶蜂（*Neodiprion sertifer* Geoffroy）。又名新松叶蜂、松锈叶蜂。主要危害油松、马尾松、红松、云南松、华山松等。分布于辽宁、河北、江西、陕西等地。

②蔷薇三节叶蜂（*Arge geei* Rohwer）。又名季叶蜂、月季锯蜂、无斑黄腹三节叶蜂。以幼虫取食寄主叶片，常被蚕食殆尽，仅残留主脉或叶柄，且成虫产卵于嫩枝形成棱形伤口而不能愈合，极易被风折枯死。主要危害月季、玫瑰、蔷薇、黄刺梅、榔榆、刺梨、多花蔷薇、野蔷薇等。分布于内蒙古、青海、北京、河北、河南、山东、安徽、江苏等地。

（2）叶蜂类的防治措施

①冬春季结合土壤翻耕消灭越冬虫茧。

②人工摘除卵梢、卵叶或孵化后尚未群集的幼虫。

③药剂防治。幼虫危害期喷施50%杀螟松1500倍液，或20%杀灭菊酯2000倍液，或80%敌敌畏乳油1500~2000倍液。在气温逐渐升高的5月下旬，可用25亿~30亿个/毫升活孢子的苏云金杆菌，或1亿个/毫升活孢子苏云金杆菌与低浓度药剂混合，喷雾防治老熟幼虫。

15. 蝗虫类

（1）蝗虫类主要害虫

①东亚飞蝗（*Locusta migratoria manilensis* Meyen）。主要危害禾本科和莎草科植物。成虫、幼虫咬食植物的叶片和茎，大发生时成群迁飞，把成片的农作物和灌木吃成光秆。分布于北京、广东、广西、台湾、山东及渤海湾、黄河下游、长江流域等地。

②大青蝗（*Chondracris rosea rosea* De Geer）。又名大蝗虫、棉蝗。主要危害竹类、美人蕉和农作物等。分布于北至内蒙古、南至海南。

（2）蝗虫类的防治措施

①加强营林措施，预防虫害发生，在林中挖掉树蔸，把离地面 1 米以内的小枝及萌芽砍除，使蝗蝻出土后因缺乏食物而自然死亡。

②捕杀成虫。数量不多时，用捕虫网捕捉，可减轻危害。

③药剂防治。发生量较多时可喷施 2.5% 敌百虫粉剂，或 75% 杀虫双乳剂，或 40% 氧化乐果乳剂 1000～1500 倍液。用 95% 敌百虫原药，或 50% 马拉硫磷乳油 500 倍液，或 40% 乙酰甲胺磷乳油 1000 倍液，防治效果均可达 95% 以上。

五、常见蛀干虫害的防治方法

蛀干害虫是园林植物的一类毁灭性的害虫，常见有鞘翅目的天牛科、小蠹科、象甲科，鳞翅目的木蠹蛾科、透翅蛾科等。该类害虫危害枝梢及树干，除成虫期进行补充营养、寻找配偶和繁殖时有短暂的裸露生活外，大部分生长发育阶段隐蔽生活。在树木主干内蛀食、繁衍，不仅使输导组织受到破坏，而且在木质部内形成纵横交错的虫道，降低了木材的经济价值。另外，蛀干害虫的天敌种类相对较少且寄生率低，因此大发生率较高。

1. 天牛类

（1）天牛类主要害虫

①黄斑星天牛（*Anoplophora nobilis* Ganglbauer）。危害杨、柳、榆、

槭、法国梧桐、沙枣、胡杨等。以幼虫蛀食韧皮部及形成层，后钻入木质部危害。蛀道初为横行，斜向上方，后钻成直立的"L"形蛀道，互不穿透，外排有木屑及虫粪。分布于陕西、甘肃、宁夏、河南及北京等地，在陕西、甘肃、宁夏3省（自治区）30多个县危害严重。

②光肩星天牛（*Anoplophora glabripennis* Motsch）。主要危害悬铃木、柳、杨，以幼虫蛀食树干，危害轻的降低木材质量，严重的能引起树木枯梢和风折；成虫咬食树叶或小树枝皮和木质部。分布于辽宁、河北、山东、河南、江苏、浙江、福建、安徽、陕西、山西、甘肃、四川、广西等地。

③青杨天牛（*Saperda populnea* Linnaeus）。又名青杨楔天牛、青杨枝天牛或山杨天牛。危害杨柳科植物。以幼虫蛀食枝干，被害处形成纺锤状瘤。分布于东北、西北、华北等地。

④松天牛（*Monochamus alternatus* Hope）。又名松墨天牛、松褐天牛。主要危害马尾松，其次危害冷杉、雪松、落叶松、刺柏等。幼虫蛀食树干，松天牛又是松材线虫病的主要传播媒介，松树一旦感染此病，基本上无法挽救。分布于四川、台湾、西藏、云南等地。

（2）天牛类的防治措施

①植物检疫。在发生严重的疫区和保护区之间严格执行检疫制度。

②预测预报。健全对危险性天牛的监控组织机构，落实责任制度和科学的监控手段，定期检查、发出预报，对指导天牛类害虫的防治相当重要。

③选用抗虫树种，营造混交林。在游览区内要大力营造抗虫树种，改善林分结构，要实行多树种、多形式的混交，新造林要调整结构，增加抗虫树种和免疫树种的比例。

④加强树木管理。定时清除树干上的萌生叶，保持树干光滑，改善原来通风透光状况，阻止成虫产卵，改变卵的孵化条件，提高初卵幼虫的自然死亡率。

⑤保护和利用天敌。啄木鸟对控制天牛的危害有较好的效果，如招引大斑啄木鸟可控制光肩星天牛的危害；在天牛幼虫期释放管氏肿腿蜂。

⑥人工物理防治。对有假死性的天牛科震落捕杀，也可锤击产卵刻槽或刮除虫瘿杀死虫卵和小幼虫。在树干 2 米以下涂白或缠草绳，涂白配方：石灰 5 千克、硫黄 0.5 千克、食盐 25 克、水 10 千克。

⑦药剂防治。根据天牛的生态习性，在幼虫初孵期用内吸剂（如氧化乐果、久效磷、水胺硫磷等）枝干喷药法效果较理想。

2. 木蠹蛾类

（1）木蠹蛾类主要害虫

①小线角木蠹蛾（*Holcocerus insularis* Staudinger）。又名小木蠹蛾。主要危害山楂、海棠、银杏、白玉兰、丁香、樱花、榆叶梅、紫薇、白蜡、香椿、黄刺玫、五角枫、栾树等。幼虫蛀食花木枝干木质部，几十至几百头群集在蛀道内危害，造成千疮百孔，与天牛危害状有明显不同（天牛 1 蛀道 1 虫），木蠹蛾蛀道相通，蛀孔外面有用丝连接的球形虫粪。轻者造成风折枝干，重者使花木逐渐死亡，严重影响城市绿化、美化效果。分布于北京、天津、河北、山东、江苏、安徽、江西、福建、湖南、辽宁、吉林、黑龙江、内蒙古、陕西、宁夏等地。

②咖啡木蠹蛾（*Zeuzera coffeae* Niether）。又名咖啡豹蠹蛾、小豹纹木蠹蛾。主要危害咖啡、可可、茶树、油梨、金鸡纳、番石榴、石榴、梨、苹果等经济作物和杨、木槿、大红花、台湾相思等乔灌木。幼虫危害树干和枝条，致被害处以上部位黄化枯死，或易受大风折断。严重影响植株生长和产量。分布于华南、西南、华东、华中、台湾等地。

（2）木蠹蛾类的防治措施

①栽培措施防治。对易遭受木蠹蛾危害的树木加强抚育管理，避免在木蠹蛾产前修枝，剪口要平滑，防止机械损伤，或在伤口处涂防腐杀虫剂。通过加强营林技术，改变林木组成，创造不利于害虫发生发展的环境条件。

②化学防治。树干基部钻孔灌药毒杀，药剂为 50%久效磷、35 %甲基硫环磷等内吸剂原液；用磷化铝片剂堵塞虫孔熏杀，将 56.5%～58.5%磷化铝片剂（每片 3.3 克）研碎后按不同剂量（每虫孔 0.11 克

或 0.165 克）填入树干或根部木蠹蛾虫孔内，外敷黏泥，熏杀根干内幼虫（同时杀天牛幼虫），杀虫率在 90% 以上。

③利用黑光灯诱杀成虫。

④性信息素诱杀成虫。用人工合成性诱剂，在成虫羽化期采用纸板黏胶式诱捕器，以滤纸芯或橡皮塞芯作诱芯。

⑤生物防治。以 1 亿~8 亿个孢子/克白僵菌黏膏涂在排粪孔口。

3. 小蠹类

（1）小蠹类主要害虫

①松纵坑切梢小蠹（*Tomicus piniperda* Linnaeus）。主要危害华山松、高山松、油松、云南松及其他松属树种。成虫、幼虫钻蛀皮下危害，主要危害树势衰弱或新移栽树木的枝干和嫩梢。分布于辽宁、河南、陕西、江苏、浙江、湖南、四川、云南等地。

②柏肤小蠹（*Phloeosinus aubei* Perris）。主要危害侧柏、圆柏、杉树等，在成虫补充营养期危害枝梢，常将枝梢蛀空，使枝梢易遭风折；繁殖期中危害干、枝，造成枝和整株死亡。可通过释放管氏肿腿蜂防治该虫。分布于山东、河北、陕西、江苏、四川、云南和台湾等地。

（2）小蠹类的防治措施

①预防措施。

a. 加强检疫。严禁调运虫害木，对虫害木要及时药剂或剥皮处理，防止扩散。

b. 加强抚育管理。改善树木的生理状况，增强树势，提高其抵御虫害的能力。城市规划设计中应做到适地适树，合理规划，选择抗逆力强的树种或品种。

②化学防治。5 月末至 7 月初，使用 40% 氧化乐果乳油 100~200 倍液、2% 的毒死蜱、2% 的西维因、2% 的杀螟松油剂或乳剂涂抹或喷洒枝干可杀死成虫。

③生物防治。小蠹类的捕食性、寄生性和病原微生物天敌资源非常丰富，包括线虫、螨类、寄生蜂、寄生蝇、捕食性昆虫及鸟类等。

六、常见枝梢虫害的防治方法

枝梢害虫是园林植物害虫中较大的一个类群，吸取植物汁液，掠夺其营养，造成生理伤害，使受害部分褪色、发黄、畸形、营养不良，甚至整株枯萎或死亡。常见的有同翅目的蚜虫类、介壳虫类、粉虱类、木虱类、叶蝉类，蜡蝉类，缨翅目的蓟马类，半翅目的蝽类及蜱螨目的叶螨类等。

1. 蚜虫类

（1）蚜虫类主要害虫

①桃蚜（*Myzus persicae* Sulzer）。又名桃赤蚜、烟蚜、菜蚜、腻虫。主要危害梨、桃、李、梅、樱桃等蔷薇科果树及白菜、甘蓝、萝卜、芥菜、芸苔、芜菁、甜椒、辣椒、菠菜等多种作物。分布于全国各地。

②棉蚜（*Aphis gossypii* Glover）。又名腻虫。为世界性棉花害虫。寄主植物近300种，主要危害扶桑、蜀葵、石榴、花椒、木槿、鼠李属、棉、瓜类等。以成虫和若虫群集在寄主的嫩梢、花朵和叶背吸取汁液，使叶片皱缩，影响开花，同时诱发煤污病，至少可传播50多种病毒。分布于全国各地。

③月季长管蚜（*Macrosiphum rosirvorum* Zhang）。主要危害月季、野蔷薇、玫瑰、十姐妹、百鹃梅、七里香、梅花等。以成虫、若虫群集于寄主植物的新梢、嫩叶、花梗和花蕾上刺吸危害。植物受害后，枝梢生长缓慢，花蕾和幼叶不易伸展，花朵变小，而且诱发煤污病，使枝叶变黑，严重影响了观赏价值。分布于东北、华北、华东、华中等地。

④绣线菊蚜（*Aphis citricola* Vander Goot）。又名苹果黄蚜、苹叶蚜虫。主要危害苹果、梨、沙果、李、杏等。分布于全国各地。

（2）蚜虫类的防治措施

①预测预报。蚜虫防治的关键是第一代若虫危害期及危害前期，鉴于蚜虫繁殖快、世代多、易成灾，因此蚜虫的预测预报十分重要。

②栽培措施防治。结合林木抚育管理，冬季剪除有卵枝叶或刮除

枝干上的越冬卵。

③化学防治。植物发芽前，喷施晶体石硫合剂 50～100 倍液消灭越冬卵。在成蚜、若蚜特别是第一代若蚜发生期，用 50%灭蚜威 2000 倍液，40%乐果乳油、25%对硫磷乳油、50%马拉硫磷乳油、25%亚胺硫磷 1000～2000 倍液，或 20%氰戊菊酯乳油 3000 倍液喷雾。亦可在树干基部打注射孔或刮去老皮的树干用 50%久效磷乳油、50%氧化乐果乳油 5～10 倍液涂 5～10 厘米宽的药环。

④保护和利用天敌。避免在天敌羽化期、寄生率达到 50%的情况下用药。

⑤诱杀。温室和大棚内，可用黏胶板诱杀有翅蚜虫。

2. 介壳虫类

（1）介壳虫类主要害虫

①草履蚧（*Drosicha contrahens* Kuwana）。主要危害海棠、樱花、无花果、紫薇、月季、红枫、柑橘等花木。若虫和雌成虫常成堆聚集在芽腋、嫩梢、叶片和枝干上，吮吸汁液危害，造成植株生长不良，早期落叶。分布于河北、山西、山东、陕西、河南、青海、内蒙古、浙江、江苏、上海、福建、湖北、贵州、云南、重庆、四川、西藏等地。

②日本松干蚧（*Matsucoccus matsumurae* Kuwana）。是中国危害较大的外来入侵物种之一。可破坏树木皮层组织，一般树势衰弱，生长不良，针叶枯黄，芽梢枯萎，以后树皮增厚、硬化。幼树严重被害后，易发生软化垂枝和树干弯曲，并常引起病虫害的发生，如松干枯病、纵坑切梢小蠹、横坑切梢小蠹、象鼻虫、松天牛、吉丁虫及白蚁等。该蚧为国内外检疫对象。分布于山东、辽宁、江苏、浙江、安徽和上海等地。

③吹绵蚧（*Icerya purchasi* Maskell）。主要危害木麻黄、相思树、重阳木、油茶、油桐、桂花、马尾松等。该虫群集在树木叶背、嫩梢及枝条上危害，受害后枝枯叶落、树势衰弱，甚至全株枯死，并排泄"蜜露"，诱发煤污病。我国除西北各地均有发生。

（2）介壳虫类的防治措施

①植物检疫。介壳虫常固着寄生，虫体微小，主要靠寄主枝条、接穗、果实甚至树干携带而远距离传播。因此，对苗木、接穗和果实的采购、调运过程和保护区都应实施检疫，以防传播蔓延。

②栽培措施防治。加强果园管理，及时中耕松土、施肥和灌水，满足果树对水肥的需要，可增强树势，提高果树抗虫能力。结合整形修剪，把带虫的枝条集中烧毁，可大大减少虫口数量。

③生物防治。保护利用自然天敌，实施生物防治是控制介壳虫种群数量的有效途径。瓢虫是介壳虫的主要捕食性天敌，通过提供庇护场所或人工助迁及释放澳洲瓢虫、大红瓢虫和黑缘红瓢虫等，可有效防治吹绵蚧、草履蚧的危害。介壳虫的寄生蜂、寄生菌种类也十分丰富。

④物理机械防治。介壳虫营固着生活，很少活动，在新传入区常常只在局部植株或枝条上发生，及时采取拔株、剪枝、刮树皮或刷除等措施，便可收到显著的效果；介壳虫短距离扩散蔓延主要靠初孵若虫爬行，采用枝干涂黏虫胶或其他阻隔方法，可阻止扩散，消灭绝大部分若虫。黏胶用 10 份松香、8 份蓖麻油和 0.5 份石蜡配制而成，将它们按比例混在一起，加热溶化后即可使用，黏性一般可维持 15 天左右。

⑤化学防治。

a. 在果树休眠期，喷洒 3~5.5 波美度石硫合剂、3%~5% 柴油或 5%~6% 煤焦油，对介壳虫有较好的防治效果，并可兼治蚜虫和叶螨。

b. 初龄若虫爬动期或雌成虫产卵前是第一个防治适期，卵孵化盛期是第二个防治适期，选用低毒的选择性杀虫剂进行防治。如"邯科 140" 1000 倍液、毒死蜱 600 倍液、催杀 800 倍液等。

3. 粉虱类

（1）粉虱类主要害虫

①白粉虱（*Trialeurodes vaporariorum* Westwood）。又名小白蛾子。是一种分布很广的露地和温室害虫。是菜地、田地、温室、大棚内种

植作物的重要害虫。寄主范围广，蔬菜中的黄瓜、菜豆、茄子、番茄、辣椒、冬瓜、豆类、莴苣以及白菜、芹菜、大葱等都能受其危害，还能危害花卉、果树、药材、牧草、烟草等 112 个科 653 种植物。以成虫和幼虫群集在寄主植物叶背，吮吸汁液危害，导致叶片褪色、凋萎直至干枯，影响植物光合作用和生长发育。分布于东北、华北、江浙一带。

②黑刺粉虱（*Aleurocanthus spiniferus* Quaintanca）。又名橘刺粉虱。主要危害茶、柑橘、油茶、月季、蔷薇、白兰、米兰、玫瑰、樟树、榕树等。若虫寄生在茶树叶背刺吸汁液，并诱发严重的烟煤病。病虫交加，养分丧失，光合作用受阻，树势衰弱，芽叶稀瘦，以致枝叶枯竭，严重发生时甚至引起枯枝死树。分布于浙江、江苏、广东、广西、福建、台湾等地。

（2）粉虱类的防治措施

①加强植物检疫。注意检查进入塑料大棚和温室的各类花卉，尽可能避免将虫带入。

②栽培措施防治。积极培育抗虫品种，包括双价抗虫棉及对其他害虫具抗性的品种；合理施肥、灌水，不偏施氮肥，防止贪青徒长，灌水灭虫；人工摘除带虫叶，合理整枝打杈；切断越冬环节，可通过清除杂草、清洁田园以及在保护地种植非寄主植物、纱网遮虫、培育无虫苗来进行。

③物理防治。利用趋黄性，设置黄板诱杀；利用趋光性，进行灯光诱集等。

④生物防治。注重对自然天敌的保护利用，尽量减少农药的使用，主张使用低毒低残留农药、生物农药，掌握用药时机，做到灭害保益；并可进行天敌人工饲养、释放，如饲养斑潜蝇茧蜂、蚜茧蜂、丽蚜小蜂等来防治斑潜蝇、蚜虫、烟粉虱等。

⑤药剂防治。采用 80% 敌敌畏熏蒸成虫，1 毫升/立方米原液兑水 1~2 倍，使药液迅速雾化，每隔 5~7 天 1 次，连续进行 5~7 次，并注意密闭门窗。也可喷施 2.5% 溴氰菊酯、20% 氰戊菊酯 2000 倍液，或 80% 敌敌畏乳油 1000 倍液，毒杀成虫、若虫。喷时注意药液均匀周到，尤其是叶背处。

4. 木虱类

（1）木虱类主要害虫

梧桐木虱（*Thysanogyna limbata* Enderlein）又名青桐木虱、梧桐裂头木虱。以若虫及成虫在梧桐叶背或幼枝嫩干上吸食树液，破坏输导组织，尤以幼树受害严重。主要危害梧桐、楸树、梓树。分布于陕西、河北、河南、山西、山东、江苏、浙江、安徽、福建、贵州、江西、广东、广西等地。

（2）木虱类的防治措施

①加强植物检疫。苗木调运时加强监测，禁止带虫材料外运和引进。

②园林技术措施。保护和利用天敌，选育抗虫品种，合理营造混交林。冬季剪除有卵枝，或清除林内枯叶杂草，降低越冬虫口基数。

③化学防治。用65%肥皂石油乳剂8倍液喷杀虫卵，用40%氧化乐果乳油、50%马拉硫磷乳油、50%杀螟松乳油1000~1500倍液防治若虫或成虫。

5. 叶螨类

（1）叶螨类主要害虫

①针叶小爪螨（*Oligonychus ununguis* Jaacobi）。主要危害杉木、云杉、雪松、黑松、落叶松、侧柏等多种针叶树以及栗、栎等多种阔叶树。以成螨、若螨刺吸叶片汁液，杉木被害后针叶初现褪绿斑点，后变黄褐色或紫褐色，状如炭疽病斑。分布于山西、陕西、湖南、安徽、宁夏、河北、山东、江苏、浙江、北京等地。

②榆全爪螨（*Panonychus ulmi* Koch）。主要危害苹果、梨、桃、李、杏、山楂、沙果、海棠、樱桃及观赏植物樱花、玫瑰等。刺吸危害叶片，造成叶片褪色、苍白，严重时使刚萌发的嫩芽枯死。分布于辽宁、山东、山西、河南、河北、江苏、湖北、四川、陕西、甘肃、宁夏、内蒙古、北京等地。

（2）叶螨类的防治措施

①加强植物检疫。对苗木、接穗、插条等严格检疫，防止调运带

有害螨的栽植材料，以杜绝其蔓延和扩散。

②越冬期防治。叶螨越冬的虫口基数直接关系到翌年的虫口密度，因而必须做好有关防治工作，以杜绝虫源。对木本植物，刮除粗皮、翘皮，结合修剪，剪除病、虫枝条。树干束草，诱集越冬雌螨，翌春收集烧毁。

③药剂防治。在较多叶片受害时，可喷 40% 三氯杀螨醇乳油 1000~1500 倍液，对杀成螨、若螨、幼螨、卵均有效。或用 40% 氧化乐果乳油 1500 倍液，或 25% 亚胺硫磷乳油 1000 倍液，或 50% 三硫磷乳油 2000 倍液防治。冬季可喷 3~5 波美度石硫合剂，杀灭在枝干上越冬的成螨、若螨和卵，若螨害发生严重，每隔 10~15 天喷 2 次，连续喷 2~3 次，有较好效果。

第七章

城市古树名木管护

　　古树是指树龄在 100 年以上的树木。凡树龄在 300 年以上的树木为一级古树，其余的为二级古树。名木是指珍贵、稀有的树木和具有历史价值、纪念意义的树木。古树名木指具有悠久历史、稀奇稀少树种的总称，对人们了解自然界物种生长、繁衍、变异有重要作用，有"活化石"的美称。古树名木往往"一身二任"，当然也有名木不古或古树未名的，都应加以保护和研究。古树名木一般具备以下几个特征：一是树龄超过 100 年的古老树木。二是被赋予特殊的纪念价值。三是促进国际间交流，为各来宾栽植的友谊树，或彼此之间所赠送的树木。如我国的美国红杉、东京樱花等。四是树种稀有，个别地区特有的树种。五是经历过重大历史事件，并在风景区起点缀作用的树木。

　　我国的古树名木种类之多、树龄之长、数量之大、分布之广、声名之显赫、影响之深远，均为世界罕见。因而对古树名木这类有生命的国宝，应大力保护，深入研究，使之成为中华民族观赏园艺的一大特色。

一、保护城市古树名木的意义

　　古树名木是我们研究苗木区系发生、发展及古代苗木起源、演化和分布的重要实物，也是研究古代历史文化、古园林史、古气候、古地理、古水文的重要旁证。

古树名木是城市绿化、美化的一个重要组成部分，是一种不可再生的自然和文化遗产，具有重要的生态、科学、历史和观赏价值。有些树木还是地区风土民情、民间文化的载体，是活的文物。它与人类历史文化的发展和自然界历史变迁有关，是历史的见证。保护和研究古树名木，对于考证历史及研究园林史、苗木进化、苗木生态学和生物气象学等都有很高的价值。

1. 古树名木的基本特征

（1）古树名木具有多元价值性

古树名木是多种价值的复合体，不仅具有生态价值，而且是研究当地自然历史变迁的重要材料，有的则具有重要的旅游价值。

（2）古树名木具有不可再生性

古树名木一旦死亡，就无法以其他植物来替补，具有不可再生性。

（3）古树名木具有特定时机性

古树形成的时间较长，至少需要 100 年，而名木的产生也有一定的机遇性，所以无论是古树，还是名木，都不可能在短期内大量生产，具有特定的时机性。

（4）古树名木具有动态性

古树名木的动态性体现在：一方面，随着树龄的增加，一些古树很可能因树势衰弱、人为因素而死亡、不复存在；另一方面，一些老树随着时间推移则会成为新的古树。

2. 古树名木的基本价值

（1）古树名木的人文历史价值

古树记载着一个国家、一个民族的文化发展历史，是一部活的历史。我国传说的轩辕柏、周柏、秦柏、汉槐、隋梅、唐杏（银杏）和唐樟等古树，虽然其年龄需进一步考察核实，但均可作为历史的见证。景山崇祯皇帝上吊的古槐（现在的槐并非原树）是记载农民起义的伟大丰碑；北京颐和园东宫门内的两株古柏，曾在八国联军火烧颐和园时被烤伤树皮，至今仍未痊愈闭合，是帝国主义侵华罪行的记录；邓小平同志南巡期间在深圳仙湖植物园种植的高山榕则具有特殊的纪念意义。

（2）古树名木的文化艺术价值

不少古树名木是历代文人墨客吟诗作画的重要主题，很多古树背后往往都伴有一个优美的传说和奇妙的故事，在文化艺术发展史上具有独特的作用。天坛回音壁外西北侧有一棵"世界奇柏"，奇特之处是在其粗壮的躯干上，突出的干纹从上往下扭结纠缠，好像数条巨龙绞身盘绕，所以得名"九龙柏"。这种干纹奇特优美的古柏，在全世界仅此一棵，尤为珍贵。黄山的"迎客松"世界闻名，已成为黄山的象征。

美国前国务卿基辛格博士在参观天坛时说："天坛的建筑很美，我们可以学你们照样修一个，但这里美丽的古柏，我们就毫无办法得到了。"确实，"名园易建，古木难求"，所以北京的古柏群和长城、故宫一样，是十分珍贵的"国之瑰宝"。

（3）古树名木的观赏价值

古树名木是历代陵园、名胜古迹的佳景之一。如陕西黄陵有1000年以上的较大古（侧）柏2万株，其中最大、最壮观的有"轩辕柏"和"挂甲柏"。传说"轩辕柏"是轩辕黄帝亲手所植，高达20米，胸围787厘米，7人抱不能合围，树龄近4000年，树干如铁，无空洞，枝叶繁茂未见衰弱。"挂甲柏"相传为汉武帝挂甲所植，枝干斑痕累累，纵横成行，柏液渗出，晶莹夺目，游客无不称奇。这两棵古柏虽然年代久远，但生长繁茂，郁郁葱葱，堪称世界无双。"轩辕柏"被英国林学家称为世界"柏树之父"。又如，北京天坛的"九龙柏"、香山公园的"白松堂"、戒台寺的"活动松"、泰山后石坞的"天烛松""姊妹松"，苏州光福寺的"清""奇""古""怪"4株古圆柏等，它们庄重自然，苍劲古雅，姿态奇特，使中外游客流连忘返。

（4）古树名木的自然历史研究价值

古树是进行科学研究的宝贵资料，其生长与自然条件特别是气候条件的变化有极其密切的关系。年轮的宽窄和结构是这种变化的历史记载，因此在苗木生态学和生物气象学方面有很高的研究价值。

（5）古树名木在研究污染史中的价值

树木的生长与环境污染有极其密切的关系。环境污染的程度、性质及其发生年代，都可在树体结构与组成上反映出来。如美国宾夕法尼亚州立大学用中子轰击古树年轮取得样品，测定年轮中的微量元素，发现汞、铁和银的含量与该地区工业发展史有关。在 20 世纪前 10 年间，年轮中铁含量明显减少，这是由于当时的炼铁高炉正被淘汰，污染减轻的缘故。

（6）古树名木在研究苗木生理中的特殊意义

树木的生长周期很长，相比之下人的寿命却短得多，它的生长、发育、衰老、死亡的规律无法用跟踪的方法加以研究。古树的存在就把苗木生长、发育在时间上的顺序以空间上的排列展现出来，使我们能够以处于不同年龄阶段的苗木作为研究对象，从中发现该树种从生长到衰亡的总规律。

（7）古树名木在园林树种规划与选择中的参考价值

古树多为乡土树种。保存至今的古树，对当地的气候和土壤条件有很强的适应性。因而，调查本地适合栽培树种以及野生树种，尤其是古树名木，可以作为树种规划的依据。例如，北京市郊区干旱瘠薄土壤上的树种选择，曾经历三个不同的阶段。解放初期认为刺槐可作为干旱瘠薄立地栽培的较适树种，然而不久发现它对土壤肥力反应敏感，生长衰退早，成材也难；20 世纪 60 年代，又认为发展油松比较合适，但到了 70 年代，这些油松就开始平顶，生长衰退，与此同时发现幼年阶段并不速生的侧柏和圆柏却能稳定生长，并从北京故宫、中山公园等为数最多的古侧柏和古圆柏的良好生长得到启示，这两个树种才是北京地区干旱立地的最适树种。从这个事例可以看出，在树种选择中重视古树适应性的指导作用就会减少走弯路的可能。

二、城市古树名木的生长特点

1. 古树名木的生物学特点

我国现存的古树，已有千年历史的不在少数，它们具有以下生长特点：

（1）根系发达

古树多为深根性树种，主侧根发达，一方面能有效地吸收树体生长发育所需水分与养分，另一方面具有极强的固地与支撑能力来稳固庞大的树体。

（2）萌发力强

许多古树种类具有根、茎萌蘖力较强的特性。根部萌蘖可为已经衰弱的树体提供营养与水分。例如，榆林市榆阳区安崖镇梢沟村龙王庙梁有一株柏树，距今已约有 2000 年的历史，堪称"榆林柏树之王"，此树被雷劈成 3 杈，但经千年阳光雨露而顽强不息，现高约 10 米，冠幅达 18 米，3 杈胸围也近 5 米。

（3）生长缓慢

古树一般是慢生或中速生长树种，新陈代谢较弱，消耗少而积累多，从而为其长期抵抗不良的环境因素提供了内在有利的条件。

（4）树体结构合理，木材强度高

古树生长缓慢，因此木质部的密度大、强度高，另外分枝及树冠结构合理，因此能抵御强风等外力的侵袭，减少树干受损的机会。如黄山的古松、泰山的古柏，能经受山顶常年的大风，就是因为木质部强度高的原因。

（5）起源于种子繁殖

古树通常是由种子繁殖而来。种子繁殖的树木，其根系发达，适应性广，抗耐性较强，如抗旱、耐瘠薄和其他不良环境条件，这也是古树长寿的前提条件之一。

2. 影响城市古树名木生长的因素

位于自然风景区、自然山林的古树名木，基本是处于其原生的生长条件下，比较稳定的生长环境促使其正常地生长；位于名胜古迹的古树名木，由于具特殊的意义而受到人们的保护，多数名人故居、寺院旁的古树就是属于这类情况。古树名木仍能正常生长，是因其生长的立地条件具有特殊性，如土壤格外深厚、人兽活动不易干扰、水分与营养条件较好、生长空间大等，有利于树体的良好发育；而城市中的古树名木受人类活动影响较大，加速了它们的衰老。

（1）自然灾害

大风、雷电、干旱、雪压、雨淞、冰雹、病虫害等导致古树中空、破皮、主枝死亡等，使树冠失衡，树体倾斜，树势衰弱。

（2）人为活动的影响

大多数古树名木生长在人为活动所及的地域，由于人类的经济活动改变了其原生的生长环境，促使古树加速衰老过程的进程。一般人为活动的影响表现在以下几个方面：

①土壤条件。土壤是古树名木生长的重要基础条件之一，树木通过根系从土壤中吸收的无机养分，是树体正常生长发育所需矿质营养的主要来源。人为活动造成土壤条件的恶化，这往往是造成古树名木树势衰弱的直接原因之一。

古树名木原大多生长在土壤深厚、土质疏松、排水良好、小气候适宜的区域，但由于人类活动的延伸，常常造成对古树名木周围地面的过度践踏，使得本来就缺乏耕作条件的土壤密实度日趋增高，导致土壤板结、团粒结构遭到破坏、通透性能及自然含水量降低，树木根系得不到充足的水分、养分与良好的通气条件，致使呼吸困难，生长受阻，须根减少且无法伸展，树势日渐衰弱。人们随意排放废弃物，造成土壤理化性质发生改变，土壤的含盐量增加，土壤 pH 值增高，直接后果是致使树木缺少微量元素，营养生理平衡失调。再者，古树长期固定生长在某一地点，持续不断地吸收消耗土壤中种种必需的营养元素，在得不到养分的自然补偿以及定期的人工施肥补偿时，常常形成土壤中某些营养元素的贫缺，致使古树长期处于缺素条件下生长，其生理代谢过程失调，树体衰老加速。

②水分条件。古树名木生长所需水分，更多的是依赖于自然降水。由于游人增多，为方便观赏，多在树干周围用水泥砖或其他硬质材料进行大面积铺装，仅留下较小的树池。铺装地面不仅加大了地面抗压强度，造成土壤通透性能的下降，也形成了大量的地面径流，大大减少了土壤水分的积蓄，致使古树根系经常处于透气、营养与水分极差的环境中。

③生长空间。古树名木周围常有高大建筑物开发，会严重影响古树名木的正常生长。其一、树体的通风、受光受到严重的干扰，北向的阴光和南向的辐射光都不利于树体的正常生长，久之就会造成树体的偏冠，且随着树龄增大，偏冠现象就越发严重。这种树冠的畸形生长，不仅影响了树形的美观，更为严重的是造成树体重心发生偏移，枝条分布不均衡，如遇雪压、雨淞、大风等异常天气，在自然灾害的外力作用下，极易造成枝折树倒，尤其阵发性大风，对偏冠的高大古树破坏性更大。

④环境污染。

a. 人为活动造成的环境污染直接和间接地影响了植物的生长，古树由于其高龄而更容易受到污染环境的伤害，加速其衰老的进程。

b. 大气污染对古树名木的影响和危害。主要症状表现为叶片卷曲、变小、出现病斑，春季发叶迟，秋季落叶早，节间变短，开花、结果少等。

c. 污染物对古树根系的直接伤害。土壤的污染对树木造成直接或间接的伤害。有毒物质对树木的伤害，一方面表现为对根系的直接伤害，如根系发黑、畸形生长、侧根萎缩、细短而稀疏，根尖坏死等；另一方面表现为对根系的间接伤害，如抑制光合作用和蒸腾作用的正常进行，使树木生长量减少，物候期异常，生长势衰弱等，促使或加速其衰老，易遭受病虫危害。

⑤人为的直接损害。人为的直接损害，如在树下摆摊设点；在树干周围乱堆杂物，如水泥、沙子、石灰等建筑材料（特别是石灰，遇

水产生高温常致树干灼伤，严重者可致其死亡）。在旅游景点，个别游客会在古树名木的树干上乱刻乱画；在城市街道，会有人在树干上乱钉钉子；在农村，古树成为拴牲畜的桩，树皮遭受啃食的现象时有发生；更为甚者，对妨碍建筑或车辆通行等的古树名木不惜砍枝伤根，致其死亡。

三、城市古树名木的复壮及养护

任何树木都要经过生长、发育、衰老、死亡等过程，这是客观规律，不可抗拒。但是通过探讨古树衰老原因，可以采取适当的措施来推迟其衰老阶段的到来、延长树木的生命，甚至促使其复壮而恢复生机，这是完全可能做到的。

1. 古树名木衰老的原因

古树名木生长不良乃至衰老的原因是多方面的，主要可以总结为以下几点。

（1）内在因素

随着树龄的增长，古树名木的生理机能下降，生命力减弱。随着树木老化，根系越来越不发达，吸收水分、养分的能力下降。另外，有些树木较高，树体的输导组织减退，地上部分无法得到充足的养分，抗风防雨的能力相应减弱，从而导致生长不良，逐渐衰老、枯萎。

（2）外在因素

①土壤结构的理化性能减弱。古树初栽时，一般都在宫、苑、寺庙或宅院里，那里土壤深厚、排水良好、小气候适宜。但是随着经济的发展，许多地方将古树名木作为旅游景点，在游客观赏游玩过程中树木周围的土壤惨遭践踏，致使土壤板结，密度大，机械阻力增加，并且透气性降低，对树木的生长不利。另外，气候的变异和人口的增多，更加速古树名木的衰老。

②立地条件差。一些古树名木栽植在土壤贫瘠、水土流失严重、营养面积少的地区，如丘陵、山坡或墓地，土壤提供的养分根本不能满足树体的生长需求。还有一部分树木虽栽植在城市里，但是随着城

市化建设力度的加大，道路的铺装面积逐渐加大，土壤营养元素降低，且得不到翻耕，所以不利于古树名木的生长。

③人为破坏。人口增长迅速，游客量剧增，人为的污染和不文明现象都致使古树名木生长艰难，如在树下堆放杂物（建筑材料、水泥、沙子、石灰）、在树上胡乱刻画、钉钉子、随地丢垃圾等。

④病虫害的影响。由于环境的恶化，古树很容易被病菌和细菌侵入，从而造成病害，加上古树生理机能下降，自愈能力下降，不容易抵御病害。还有一些钻蛀型害虫（如介壳虫、天幕毛虫、天牛等）对古树名木的危害也很严重，而且不易被发觉，更加剧树木的衰老速度。

⑤恶劣的自然环境。不可避免的自然灾害和极端的气候也会对古树名木造成不可修复的伤害，如大风导致树皮开裂、根裸枝残、倒伏等。若发生旱涝灾害，使土壤中的水分失衡，甚者会招致病虫害，加速衰老。

2. 古树名木的保护及复壮

根据对古树名木存在问题的分析，可做出以下建议，对其进行保护和修复。

（1）对古树名木的地表环境进行改良

针对衰老的问题，将古树名木的生长土地环境进行改良是最直接的方法。一般可从两方面入手，即地上和地下。

在地上，可以铺设通气透水的铺装，如更换成青砖烧制的铺装，并将古树基部阻碍树木透气的杂物清除，另外，为扩大营养面积，还应加大护树池。在地上，还可增加景观覆盖物来改善土壤结构，防治土壤板结，通常覆盖物可选择树叶、树皮、种植地被植物或石子铺装。种植植物时最好选用苔草、白三叶草或诸葛菜，其根系可与古树旁的土壤纵横交错，固土、固肥，增加水分。

在进行地下改良时，经过实践，复壮沟无疑是最有效的方法。它将沟、井、管相连接，构成一个复壮沟管网，既能改善土壤的通透性，又可补充养分。对于低洼潮湿地段的古树，以通气排水为主；对于沙质或假山上的古树，复壮基质中应加保水、保肥物质。另外，还有一种地下方法可以采用，即通气管。通气管是在复壮沟的基础上加设通气管，在树冠投影的外围相连，从地表层埋入地下，便于旱季补水，还可用以施肥。此外，根据不同区域气候的差异，还可以在降雨量大的地方设置渗水井、排水沟，在土壤板结严重地区可通过打孔，减少土壤密度。

（2）加大力度，完善管理体系

在古树名木的保护中，要加大人力、物力、财力的投入，建立完备的古树名木档案，实行人员、物质、资金全方位的管理模式。地方政府应设置专业的管理养护人员，定期对树木进行修剪、检查、修补固定，及时掌握树木的生长情况。旅游区可以门票里提取一部分资金，对游览区的树木加以养护。另外，各城市还应定期对树木的生存情况予以普查。同时，严禁在树体上钉钉子、缠绕铁丝或绳索、悬挂杂物或作为施工支撑点和固定物，严禁刻划树皮和攀折树枝，发现伤疤和树洞要及时修补。对腐烂部位应按外科方法进行处理。

（3）改善营养条件

古树几百年来生长在固定的地方，毕竟土壤的肥力有限，再加上人为的破坏，通气不良，而且有些树木受位置的影响，根系的活动受到限制，更加快衰老。由此，要根据实际情况进行换土、浇水，并增施有机肥料。另外，在夏秋季要对树木做好浇水和防旱，春冬季做好灌水和防寒。要特别注意的是，若地区灰尘污染较严重，为增加树木的观赏价值和光合作用，可对其进行树体喷水。

（4）加强对树体的修复

古树年代久远，在漫长的岁月里，不免会出现树体皮层或木质部腐烂或中空，从而使树失去平衡，枝条下垂，不仅影响观赏效果，而且会对正常生长造成阻碍。所以，要对受损的树体进行及时的修复。在修复时要遵循一定的原则，如运用新技术、新材料对其进行修复，确保修复的部位美观，做到加固优先、防水优先。总之，要结合树种实际情况进行伤口处理及治疗或树洞修补，另外，还可以增加防护栏、支撑等进行加固。如古槐的修复，就是先清除受伤组织，然后塞入适当的填充物（如采用聚氨酯作填充物），并将边缘切削平滑，保护洞口的愈伤组织。有时还需在洞的内壁喷施杀虫剂，或在外围涂抹保护剂，有时也可使用黄泥。再如，修补树洞时，也应先对伤口消毒，然后再对洞穴加以填充物，通常使用碎沙石、水泥混合物。还可以不做任何填充，直接在洞外围加设枝条或板条进行封闭，再涂上黄泥加以保护。有时，为保持树形美观，往往在树体周围附上仿真树皮加以掩饰。还要注意修剪古树名木的枯死枝、梢，事先由主管技术人员制订方案，报主管部门批准后实施。修剪要避开伤流盛期。小枯枝用手锯锯掉或铁钩钩掉。截大枝应做到锯口保持平整、不劈裂、不撕皮，过大的粗枝应采取分段截枝法。操作时应注意安全，锯口应涂防腐剂，防止水分蒸发及病虫害侵害。

（5）根据不同树种对水分的不同要求进行浇水或排水

高温干旱季节，根据土壤含水量的测定，确定根系缺水的情况后浇透水或进行叶面喷淋。根系分布范围内需有良好的自然排水系统，不得长期积水。无法沟排的需增设盲沟与暗井。生长在坡地的古树可在其下方筑水池，扩大吸水和生长范围。

（6）加设避雷针

据调查，古树名木遭受雷击的现象也很普遍，若雷击后没有得到及时的补救，树木很快就会死亡。所以，应为高大的古树名木加设避雷针。若遭受雷击，相关管理人员应当及时将伤口刮平，涂上保护剂。

（7）有效的病虫害防治

古树生理机能减弱，抗病能力下降，很容易招虫染病，因此要搞好病虫的防治。通常病虫害的防治提倡用无公害的方法，如生物防治和物理防治，但有时因实际需要，也可采用化学防治和机械防治。物理防治一般包括：利用蚜虫、天牛等害虫的上下树习性使用塑料环阻隔，利用害虫的趋光性，采用黑光灯进行诱杀；利用有些害虫对特殊气味的喜爱，配制糖醋液进行诱杀等。如果树木规模小的话，还可以利用人工防治，人工摘除虫卵，或给树干缠麻绳，熏蒸防治。生物防治则是利用释放天敌对遭受的虫害进行防治。当虫害较严重时，则需对树木进行打孔注药。

（8）支撑加固

古树名木树体不稳或粗枝腐朽且严重下垂，均需进行支撑加固，支撑物要注意美观，支撑可采用刚性支撑和弹性支撑。

（9）加强法制宣传

为更好地保护古树名木，国家应该颁发保护专项的法律，使保护修复的工作步入法制化的管理道路，并建立专业的执法队伍，对其进行培训和指导，使保护工作做到更好。在落实管理的同时，加大宣传力度，让市民意识到古树名木的价值，并在日常生活中对其加以关爱。

（10）加强后期养护

古树名木的修复是一个长期的工作，不可能一劳永逸，在对其保护和修复后，还要加强管理和养护。除定期进行松土除草外，还要注意水肥的管理，采用恰当的喷灌方式。此外，定期对古树名木进行修剪和外保护，如剪枯枝、病枝，加围栏保护等。

第八章
城市树木管护技术各论

一、针叶树管护技术

1. 南洋杉

Araucaria cunninghamii Sweet；南洋杉科南洋杉属

管护技术：栽培管理上相对粗放，每年春季适当施用有机基肥，干旱季节浇水，雨季排除积水，并做好中耕松土，清除杂草。注意防治夏秋间的蓑蛾与白蚁危害。炭疽病发病初期喷洒 50% 多菌灵可湿性粉剂 700 倍液，介壳虫可用 40% 的氧化乐果 1000~1500 倍液防治。

2. 侧柏

Platycladus orientalis（L.）Franco；柏科侧柏属

管护技术：用播种法繁殖，春秋两季皆可移植，带土球移植易成活；在雨季移植可裸根，但要注意保护根系。常见病害有叶枯病和叶凋病，防治方法包括秋冬季清扫树下病叶并烧毁，消灭过冬病菌，减少第一次侵入；在 5~8 月，每两周喷 1 次 1∶1∶100 的波尔多液预防，特别注意严格控制初侵染，发现初侵染发病中心，要进行封锁，防止蔓延；过密的柏树林要适当进行疏伐，使林内通风透光，减少发病条件。

3. 圆柏

Sabina chinensis（L.）Ant.；柏科圆柏属

管护技术：圆柏育苗过程中易发生猝倒病，多发生于出苗后的苗木生长初期，应调节水分，增强光照，定期喷洒波尔多液、50%的敌克松 800 倍液进行防治。成年树春季浇水不足或干旱时可能生长衰弱，易被小木蠹蛾侵害，应注意灌溉，发现虫孔立即除治。圆柏成林易发生锈病，包括梨锈病、苹果锈病、石楠锈病等，主要由于圆柏在梨树、苹果树、石楠周围种植，成为锈病的越冬寄主，所以应避免与此类树种混交，发病严重时要及时喷洒 90% 敌锈钠 1200 倍药液或 30% 的粉锈宁 2800 倍液防治，15 天喷施 1 次，连续喷施 3 次。

4. 龙柏

Sabina Chinensis 'Kaizuca'；柏科圆柏属

管护技术：龙柏喜肥水，栽植成活后，结合灌溉，第一年追肥 2~3 次，每次每亩追施尿素 15 千克，入秋后停止施肥。第二年早春，结合浇灌返青水，条沟式追施一次含氮量稍高的复合肥，每亩 40 千克。因龙柏根系浅且水平根多，应随开沟随施肥随埋土，尽量避免伤根。夏季再追施 2~3 次尿素，每次每亩 25 千克。龙柏易发生红蜘蛛、立枯病、枯枝病等病虫害，要注意经常观察，做到早发现早防治。

5. 辽东冷杉

Abies holophylla Maxim.；松科冷杉属

管护技术：可通过播种繁殖和扦插繁殖。幼苗需遮阴，并需多次移植以培养侧根，便于栽植。一般 5 年后苗生长加速，故苗期应注意养护，保持土壤湿润，遮阴减少蒸发。还应尽可能保护基部分枝，维持树形完整。通常 5~6 年生苗，树高 1.5 米后可在园林中栽植。宜定植于建筑物的背阴面。常见的病虫害有冷杉毒蛾及树干小尖红腐病。

6. 雪松

Cedrus deodara（Roxb.）Loud；松科雪松属

管护技术：应注意对顶梢及树冠下部大枝、小枝加以保护。顶梢生长较迅速，质地较软，常呈弯曲状，易受风吹折而破坏树形，应及时用细竹竿缚之引导；下部的大枝、小枝使之自然拱贴地面，以形成美观而自然的树姿。夏秋间易发生蓑蛾危害树叶并结袋成蛹，应注意防除。当年生嫩梢及 2 年生小枝易受灰霉病危害，发病期可喷 65%代森锌可湿性粉剂 500 倍液、70%甲基硫菌灵可湿性粉剂 1500 倍液等。

7. 华北落叶松

Larix principis-rupprechtii Mayr；松科落叶松属

管护技术：由于好冷凉、忌高温，在平地可能因土壤含水量高而在早春出现"冻拔"现象，应注意防护；另可能有落叶松枯梢病及落叶松毛虫危害，目前主要防治措施是通过营造混交林及配制药液杀死隐蔽的病原菌及成虫。

8. 云杉

Picea asperata Mast.；松科云杉属

管护技术：播种繁殖，苗期应架棚遮阴。栽植时不宜过深，雨季不可积水。通常 5 年生苗高达 50 厘米，即可用于园林栽植。移植时应带好土坨，原土运输需包装结实，不可散坨。出圃时间应避开春季生长旺期，早春萌芽前及新梢停止生长后均可移植。危害云杉的病虫有根腐病、叶枯病、松天牛、松毒蛾、袋蛾、蚜虫、云杉八齿小蠹、介壳虫等，应注意防治。

9. 白杆

Picea meyeri Rehd. et Wils.；松科云杉属

管护技术：栽培应选排水好的沙壤土，移植时应带土球，包装结实。施肥有利于恢复树势。白杆大苗移植初期，根系吸肥能力低，宜采用根外追肥，一般 15 天左右追 1 次。时间选在早晚或阴天，进行叶面喷洒，如遇降雨应再喷 1 次。根系萌发后，可进行土壤施肥，要求薄肥勤施，谨防伤根。干旱闷热时期要注意防治介壳虫、红蜘蛛、松蚜等危害，入秋防治蓑蛾。下部枝条易枯梢，应加以保护，维持圆锥形树冠。

10. 青杆

Picea wilsonii Mast.；松科云杉属

管护技术：参阅白杆。

11. 华山松

Pinus armandii Franch.；松科松属

管护技术：华山松的常见病害有松瘤病、叶枯病等，虫害主要有华山松大小蠹、松叶蜂、油松毛虫、松梢螟等。预防病虫害，平时应加强监管，防患于未然，早发现，早预防，早治理。

12. 白皮松

Pinus bungeana Zucc. ex Endl.；松科松属

管护技术：在加强养护的条件下，移植以秋季休眠后至春季萌芽前最好。在新梢萌发后移植者，以阴天进行为好，栽后及时浇透水、做好支撑固定，连续 2~3 周增加叶面湿度，可保成活。在硬地广场、柏油路面周边的高辐射热、高反光条件下，树木营养面积小，土壤水分不足，容易生长不良，逐渐衰弱导致大部分死亡。白皮松常有松梢螟发生，4~6 月危害新梢。在夏季高温少雨闷热不通风时易受松大蚜及红蜘蛛危害。松大蚜排泄物散落枝叶上又引发烟煤病，应注意及时防治。

13. 赤松

Pinus densiflora Sieb. et Zucc.；松科松属

管护技术：移植需带土球。冬春注意对植株进行普查，发现螟虫危害枝立即剪除，并注意摘除越冬虫茧，集中烧毁，对低龄虫用药剂防治，成虫以黑光灯诱杀。

14. 红松

Pinus koraiensis Sieb. et Zucc.；松科松属

管护技术：红松大树移栽一般以春季萌动前和秋季落叶后为最佳时期。移栽前必须进行断根处理，穴土应灭菌杀虫，大树运到后尽快定植并做好树体支撑固定。红松经过移栽修剪，伤口多，易遭受病虫害，如发现病虫害，一般用50%多菌灵1000倍液、40%乐果1500倍液、90%敌百虫0.1%溶液等农药混合喷施。

15. 油松

Pinus tabulaeformis Carr.；松科松属

管护技术：移植时一定带好土坨，还应保护顶梢芽。若顶梢芽被碰掉，很难再出现代替顶梢，因而主干停止高生长，难以形成挺拔树形。对于丧失主梢的油松，可单植一处，另行培育，作为特形树或上盆培养，育成盆景或矮干"平顶松"，或保留1~2个大侧枝，适当绑扎造型，植于假山石上，形成造型独特的"迎客松""盘龙松"等。油松栽植应选地下水位低、土壤排水及透气性好的沙壤土，空气污染轻的地方。长时间的高温环境易造成枝叶枯萎甚至全株死亡的发生。油松常见蚜虫、红蜘蛛、松毛虫、松梢螟等虫害，以及蚜虫排泄物引起的烟煤病，应注意防治。在干旱或其他原因引起的油松生长衰弱时，还易受到木蠹蛾及天牛的侵害，都应注意防除，以免造成植株死亡。

16. 火炬松

Pinus taeda L.；松科松属

管护技术：火炬松主要虫害有马尾松毛虫、松梢螟、松梢小卷叶蛾、松材线虫、松突圆蚧等。通过间伐、修枝、调整林分郁闭度、混交栽植阔叶树等营林措施减少虫源，或通过生物防治等方法减少城市绿化配置中火炬松的病虫害，最为有利。

17. 黑松

Pinus thunbergii Parl.；松科松属

管护技术：黑松比较耐移植，以早春解冻前和初冬休眠时移植最佳，移植需带土球，保留菌根宿土和根系。作为庭院树必须整齐修剪，在初冬或早春休眠时进行。施肥方法是在松树周围开穴进行穴施或环施，穴离树干 1 米，深 15 厘米，施膨化鸡粪 2.5 千克，培土。及时伐除重病树、修除病枯枝，彻底清除树上和林地内的干枯枝、病落叶和杂草，并将其集中烧毁。对生长过密的林地要及时间伐透光，以增强树势。春夏注意防治松毛虫、松干蚧、松梢螟等虫害，每年 3 月下旬至 4 月下旬和 7 月下旬至 8 月下旬，喷洒 2：2：100 的波尔多液，或 70% 的甲基硫菌灵 400 倍液、40% 的多菌灵 500 倍液、75% 的百菌清可湿性粉剂 500 倍液，10~15 天 1 次，连续 2~3 次。

18. 北美乔松

Pinus strobus L.；松科松属

管护技术：遇干旱寒冷气候，要注意保护苗木及幼树。北美乔松一般很少发生病害，若养护不好、生长不良也易受病虫害的侵袭。落叶、根腐及叶枯病在北美乔松中最为常见，主要由病菌引起，应注意防治。

19. 金钱松

Pseudolarix amabilis (Nelson) Rchd.；松科金钱松属

管护技术：播种与扦插繁殖均可。移植宜在秋季落叶后至春季叶芽萌动前进行，需带宿土以接种菌根。植后注意养护。金钱松能自然成形，修枝不宜过重，枝下高应放低，保持树冠匀称。夏秋间易遭蓑蛾危害，须注意防治。

20. 罗汉松

Podocarpus macrophyllus (Thunb.) D. Don；罗汉松科罗汉松属

管护技术：播种和扦插均可繁殖。苗木生长缓慢，应注意水肥管理。移植需带土坨。定植时树穴要大，定植后夯实覆土并浇透水，冠幅较大的应设立支柱扶持，以防风吹摇动。高温干燥时期易发生介壳虫及红蜘蛛危害，应注意防治。

21. 东北红豆杉

Taxus cuspidata Sieb. et Zucc.；红豆杉科红豆杉属

管护技术：播种繁殖，扦插也易生根。苗木应遮阴防阳光直晒，于"处暑"后拆去遮阴物，如此 3 年之后方可接受阳光直晒。播种苗基部的侧枝宜早修剪以便减少养分消耗，使之集中于主干生长。管理的首要工作在于注意保持土壤湿润，尽可能增加空气湿度，栽植于较荫蔽处是减少阳光直晒和水汽散发的易行措施。移植必须带好土坨，保留较多的根系，并增加移植地的土壤腐殖质。东北红豆杉的施肥以土壤追肥为主，大田定植以前视土壤肥力适当施肥。春季为了促进枝条生长，以施氮肥为主，施尿素 25~35 千克/亩；秋季为了促进新梢充分木质化和根系的生长，可在 8 月初施磷钾复合肥 20~30 千克/亩。

22. 矮紫杉

Taxus cuspidata var. *nana* Hort.；红豆杉科红豆杉属

管护技术：矮紫杉每年秋后萌芽，翌年春放叶，若养护得法，春夏可生长枝叶 2 次。修剪可随时进行，主要剪除徒长枝和过密枝，以保持树形疏密相称。由于其生长缓慢，枝叶繁多而不易枯疏，故剪后可较长期保持一定形状。矮紫杉生长能力较强，病虫害较少，如置于闷热不通风的地方，易遭介壳虫危害，可喷施 50% 乐果乳油剂 2000 倍液。

23. 粗榧

Cephalotaxus sinensis（Rehd. et Wils.）Li；三尖杉科三尖杉属

管护技术：以播种和嫁接为主，也可进行扦插繁殖。因其浅根性，栽植时不宜过深。管理上注意干旱期适当浇水，雨季注意排水勿受涝。因耐修剪，在秋末冬初可进行整形修剪，以保持良好的树姿，同时将枯枝、病枝、折断枝、交叉枝及下部枝条剪去，但修剪不宜过重；每年深秋适当施入有机肥，并将枯枝落叶铺于根部周围，以利于维护土壤的酸碱性。粗糙老的干枝易被苔藓、真菌寄生，可用刀轻轻将其刮去，并喷石硫合剂予以保护。

24. 杉木

Cunninghamia lanceolata (Lamb.) Hook.；杉科杉木属

管护技术：移植应带土坨，春秋或雨季都可进行。栽培地应避免积水或黏土地。夏季干旱、酷热地区生长不良，易发生病虫危害，应加强注意。主要病害有幼苗猝倒病，虫害有杉梢小卷蛾。幼苗猝倒病多在雨季发生，施用药液易流失，可用草木灰拌石灰粉（8∶2）撒于苗颈部，每亩用量 100~150 千克。晴天可用 0.3% 漂白粉液、1% 波尔多液或 0.1%~0.5% 敌克松喷洒苗木。营造混交林可减轻杉梢小卷蛾发生，冬季人工摘除虫囊并烧毁被害梢。可喷洒 50% 杀螟松乳剂 200 倍液防治第一代初龄幼虫。

25. 水杉

Metasequoia glyptostroboides Hu et Cheng；杉科水杉属

管护技术：栽培地应选水源充足之地或地下水位较高处。孤植时应注意最下轮侧枝的修剪，防止侧枝生长旺盛影响主干生长。适宜在落叶后及春季芽萌动前一个月移栽，一般不带土球，但须多带须根。干旱地栽培应注意生长及浇水。初夏高温闷热期有红蜘蛛危害，生长衰弱树易受小蠹蛾蛀害，夏秋间大蓑蛾发生，应注意防治。

26. 池杉

Taxodium distichum (L.) Rich.；杉科落羽杉属

管护技术：干旱季节要浇水抗旱。池杉幼苗、幼树甚至大树常生长双梢，应注意剪除其中生长细弱的一个枝头，保留健壮主梢向上生长。生长不良的侧枝或树冠内部影响生长的粗大侧枝都应及时剪去。池杉主要有大蓑蛾危害枝叶，应注意防治。

二、阔叶树管护技术

1. 五角枫

Acer mono Maxim.；槭树科槭树属

管护技术：播种后经过 2~3 周种子发芽出土，其后 3~4 天长出真叶，1 周内出齐，3 周后开始间苗。苗木速生期追施化肥 2 次。苗期灌水 5~6 次，需及时松土除草，确保床面湿润和疏松。培育 2 年以上大苗，需加强水肥、松土除草等田间管理措施，同时还需注意干形培育和冠形修剪。五角枫主要病害有褐斑病，危害果实和叶片，严重时果实发育不全，可采取开沟施肥加以预防，但施肥时间不宜过晚。

2. 黄栌

Cotinus coggygria Scop.；漆树科黄栌属

管护技术：苗木出土后，一般在苗木生长的前期应保证灌水充足，在幼苗出土后 20 天以内则应严格控制灌水，在不致产生干旱的前提下，尽量减少灌水；苗木生长后期应适当控制浇水，以利于蹲苗，保证其顺利越冬。在雨水较多的秋季，需注意及时排水，以防积水引发的根系腐烂。黄栌幼苗主茎常向一侧倾斜，故应适当密植。间苗一般分 2 次进行：第一次间苗在苗木长出 2~3 片真叶时进行；第二次间苗在叶子相互重叠时进行，此时可除去发育不良的、有病虫害的、有机械损伤的和过密的苗，同时使苗间保持一定距离。追肥的主要原则为"少量多次，先少后多"。幼苗生长前期以氮肥、磷肥为主，苗木速生期可以氮、磷、钾肥混合使用，苗木硬化期则以钾肥为主，同时停施氮肥，以促进苗木木质化，提高苗木抗寒越冬能力。松土可结合除草进行，确保有草就除，谨慎作业，切忌碰伤幼苗，导致苗木死亡。黄栌常见的病虫害主要有蚜虫、立枯病、白粉病和霉病等，需及时预防。

3. 火炬树

Rhus typhina Torner.；漆树科盐肤木属

管护技术：出苗后需保证土壤水分，追肥以尿素为主，结合浇水进行。火炬树当年苗比较娇嫩，冬季易受冻害，因此从7月底以后蹲苗，停止浇水、施肥和松土，对于过旺的枝叶，打落一部分以促进木质化。幼苗出齐后需根据土壤板结和杂草情况来松土除草，7月底停止。该树种病虫不多，注意适时防治。

4. 棕榈

Trachycarpus fortunei（Hook. F.）H. Wendl.；棕榈科棕榈属

管护技术：棕榈栽培土壤要求排水良好、肥沃。棕榈根系较浅，无主根，种时不宜过深，栽后穴面要保持盘子状。棕榈幼年阶段生长十分缓慢，且要求适当的荫蔽。幼苗期要保持土壤湿润，及时拔除杂草。移栽时选择土壤潮湿肥沃、排水良好的山脚坡地，尤以田头、地边、宅旁、溪岸、路边等空闲地为佳。作行道树株距通常要保持3米以上。由于棕榈苗无主根，须根群向四方伸展，故栽植时，应在穴底中央铺垫一些土，让其高于四周，苗茎立于中间高处，须根倾斜伸向四周低处，然后填土踩实。另需加强施肥和排水措施等。棕榈的病害多从叶柄基部开始发生，首先产生黄褐色病斑，并沿叶柄向上扩展到叶片，病叶逐渐凋萎枯死，病斑延及树干产生紫褐色病斑，导致维管束变色坏死，树干腐烂，叶片枯萎，植株趋于死亡。应及时清除腐死株和重病株，以减少侵染源。以50%多菌灵500倍液喷雾，或刮除病斑后涂药，均有一定防治效果。

5. 梓树

Catalpa ovata Don.；紫葳科梓树属

管护技术：移栽后的3~5年内，每年的春、夏、冬季各松穴除草1次。自第三年起每年冬季要适当剪去侧枝，培育主干，以利于生长。梓树的主要虫害有楸螟等，需及时采取相关措施加以防治。夏季苗木易发生立枯病、根腐病及食叶、食芽害虫等病虫害。当发生立枯病、根腐病时可喷洒波尔多液、甲基硫菌灵等药物防治；发生食叶、食芽害虫时可喷洒敌百虫等药剂防治。

6. 木棉

Bombax ceiba L.；木棉科木棉属

管护技术：在干热地区，木棉花先开放，其后长叶，但在雨林气候条件下，则有花叶同时存在的。苗期需保持土壤湿润，每月施肥一次。开花展叶期亦需一定湿度。成年植株耐旱力强，冬季落叶期应保持稍干燥，并及时中耕除草和合理浇水，宜遵循薄肥勤施的原则重施氮肥。木棉的主要病虫害有炭疽病、斑点病、介壳虫、粉虱等，可对症防治。

7. 紫荆

Cercis chinensis Bunge；豆科紫荆属

管护技术：紫荆喜湿润环境，种植后应立即浇头水，第三天浇二水，第六天后浇三水，三水过后视天气情况浇水，以保持土壤湿润不积水为宜。夏天及时浇水，并可叶片喷雾，雨后及时排水，防止水大烂根。入秋后如气温不高应控制浇水，防止秋发。入冬前浇足防冻水。紫荆喜肥，肥足则枝繁叶茂、花多色艳，缺肥则枝稀叶疏、花少色淡。每年花后施一次氮肥，促长势旺盛，初秋施一次磷钾复合肥，利于花芽分化和新生枝条木质化后安全越冬。紫荆的主要病害有紫荆角斑病、紫荆枯萎病和紫荆叶枯病，虫害主要有大衰蛾、褐边绿刺蛾和蚜虫，需加强养护管理，增强树势，提高植株抗病虫能力，并加强防治。

8. 皂荚

Gleditsia sinensis Lam.；豆科皂荚属

管护技术：皂荚出苗时间较长，出苗有早有晚，要保持床面湿润，及时疏松床面以防床面板结影响幼苗出土。待苗出齐后，根据苗木生长情况及时除草松土、施肥（采取开沟施入并覆土）。按照旱涝情况及时灌溉与排水，注意防治地下害虫和各种病害。皂荚的病虫害主要有皂荚豆象和皂荚食心虫。对于皂荚豆象，可用90℃热水浸泡20~30秒或用药剂熏蒸，消灭种子内的幼虫。对于皂荚食心虫，可在秋后至翌春3月前处理荚果，防止越冬幼虫化蛹成蛾，及时处理被害荚果，消灭幼虫。

9. 苏铁

Cycas revoluta Thunb.；苏铁科苏铁属

管护技术：苏铁喜微潮的土壤环境，由于它生长的速度很慢，因此一定要注意浇水量不宜过大，应保持土壤水分在60%左右，浇水应遵循见干见湿的原则。苏铁春夏季叶片进入生长旺盛时期，特别是夏季高温干燥气候要多浇水，早晚1次，并喷洒叶面，保持叶片清新翠绿。生长期每月可施肥1~2次，另可用生锈的铁钉、铁皮放于土壤，任铁质渐渐渗入土中，供苏铁吸收，使苏铁叶子翠绿。夏季要避免放在阳光处暴晒，冬季防冻保暖，0℃以上能安全越冬。当茎干高度超过50厘米后，应于春季割去老叶，以后每年割一圈。若植株尚小，展开度不够理想，可将叶片全部剪掉，以防影响新叶长出的角度，从而使植株更完美，修剪时应尽量剪至叶柄基部，使茎干整齐美观。苏铁主要的病虫害为斑点病和介壳虫等，需适时采取有效措施加以防治。

10. 柿树

Diospyros kaki Thunb.；柿树科柿属

管护技术：柿树生长期需加强栽培管理。可通过增施有机肥料改良土壤等方法，促使树势生长健壮，提高抗病力。施肥后结合灌水，灌水后结合中耕除草，效果更好。环状剥皮可防止柿树落果。柿树的主要病虫害有柿原斑病、柿角斑病、柿蒂虫、柿星尺蠖，可在落花后喷药预防。

11. 杜仲

Eucommia ulmoides Oliv.；杜仲科杜仲属

管护技术：选土层深厚、疏松肥沃、土壤酸性至微碱性、排水良好的向阳缓坡地种植，深翻土壤，耙平，挖穴。播种前浇透水，待水渗下后，将处理好的种子撒下。1~2 年生苗高达 1 米以上时即可于落叶后至翌春萌芽前定植。幼树生长缓慢，宜加强抚育，每年春夏应进行中耕除草，并结合施肥。秋天或翌春要及时除去基生枝条，剪去交叉过密枝。对成年树也应酌情追肥。北方地区 8 月停止施肥，避免晚期生长过旺而降低抗寒性。雨季易生立枯病和根腐病，需加强病虫害防治，发病时用 50%多菌灵或 50%硫菌灵浇灌。

12. 丝绵木

Euonymus bungeanus Maxim. ；卫矛科卫矛属

管护技术：根据土壤情况适时、适量进行灌溉和追肥。在地上部分长出真叶至幼苗迅速生长前，适当控水，进行蹲苗。蹲苗后灌水 2~3 次，生长后期减少灌水次数，防止苗木秋季贪青徒长，入冬前需灌 1 次防寒水。结合浇水可追肥 2~3 次，苗木生长前期追施氮肥以促进苗木生长，后期追施磷、钾肥，增加苗木木质化程度。适时中耕除草，能防止杂草滋生及土壤板结，增加土壤透气性。松土结合除草进行，并遵循"除早、除小、除了"的原则。雨后和浇水后要及时松土。一般当年苗高可达 1 米以上，2 年后可用于园林绿化，也可作为嫁接北海道黄杨或扶芳藤的砧木。

13. 大叶黄杨

Euonymus japonica Thunb. ；卫矛科卫矛属

管护技术：苗木移植多在 3~4 月进行，大苗需带土移栽。主要管理工作是修剪整形。修剪后枝条极易抽生，故一年需多次修剪，以维持一定树形。需加强水肥管理，增强树势，提高植株的抗病能力。栽培地保持湿润，但不能积水，加强通风透光，及时修剪过密枝条，以防止产生病虫害。

14. 刺槐

Robinia pseudoacacia L.；豆科刺槐属

管护技术：出苗后，土壤湿度适中时，要及时松土中耕，提高地温，有利于发芽。在反复中耕松土的基础上，6 月初可以灌第一次水，7 月上旬灌水后暂停一段时间，以促进苗木提高木质化程度、增强越冬能力，11 月下旬最后灌 1 次冬水。育苗地要在灌水后或雨后及时中耕，经常保持疏松无草。刺槐定苗后，结合灌水加以追肥，6 月底结合灌水追施以氮、磷肥为主的复合肥 2 次，8 月初停止施肥。1 年生苗应在秋后挖出进行秋季造林或越冬假植以顺利防寒越冬。刺槐移植多采用穴植，移植前应剪去地上部分，并将劈裂损伤的根条剪掉。刺槐易受白蚁、叶蝉、蚧、槐蚜、金龟子、天牛、刺槐尺蛾、桑褐翅尺蛾、小皱蝽等多种害虫侵害，需加强病虫害防治，发病时应及时喷洒相应的杀虫剂。

15. 槐

Sophora japonica L.；豆科槐属

管护技术：用于绿化的苗木，一般 3~4 年才能出圃，由于苗木顶端枝条芽密，间距短，树干极易弯曲，翌年春季将 1 年生苗进行移栽，栽后即可将主干截干。因槐具萌芽力，截干后易发生大量萌芽，当萌芽嫩枝长到 20 厘米左右时，选留 1 条直立向上的壮枝作主干，将其余枝条全部去除。槐苗浇水要根据气候条件、土壤质地等因素进行。一般情况下，出苗后至雨季前浇 2~3 次水，遇涝害时及时排水；播种前，育苗地施基肥以有机肥或圈肥为主，并结合施尿素。槐主要病害有白粉病、溃疡病和腐烂病，可选用 70% 甲基硫菌灵可湿性粉剂防治；主要虫害有槐蚜、槐尺蠖、黏虫、美国白蛾等，可选用 10% 吡虫啉可湿性粉等进行防治。

16. 龙爪槐

Sophora japonica L. var. *japonica* f. *pendula* Hort.；豆科槐属

管护技术：修剪是龙爪槐重要的管护技术，成形树修剪以冬季落叶后至萌芽前修剪为主，生长季修剪为辅。夏季修剪主要以调整光照为目的，及时剥除萌蘖。疏除过多、过密枝条。冬季修剪疏除过密枝、细弱枝、干枯枝、病虫枝、重叠枝、杂乱背下枝。短截留下的枝条，剪口在枝条拱起部位，剪口处应留外向芽。留下的枝条应错落相间。为提前预防各类病虫害，可在大苗移栽时避免伤根剪枝过重，并应及时浇水保墒，增强其抗病力。

17. 银杏

Ginkgo biloba L.；银杏科银杏属

管护技术：为提高银杏苗木的抗病力，需适时灌溉和松土除草，松土除草时切勿碰伤苗木茎干。严格控制水分，防止湿度过大及苗木过密。干旱季节，做好浇灌工作，汛期做好排水工作。冬季要严防冻害发生，提高苗木抵抗力。发现死苗及时拔除并集中烧毁，避免蔓延。

18. 七叶树

Aesculus chinensis Bunge；七叶树科七叶树属

管护技术：幼苗生长较慢，除松土除草外，要追肥2~3次。旱季注意浇水保持苗床湿润。及时防治病虫害。后期为提高苗木越冬的抗低温、干旱的能力，9月中旬以后应停止施肥。1年生苗木在春季进行移栽，以后每隔1年栽1次。幼苗喜湿润、喜肥，小苗移植和大苗移栽前都应施足基肥，移植时间一般为冬季落叶后至翌年春季苗木未发芽时，移植时均应带土球。为防止树皮灼裂可将树干用草绳围住。成年树木每年冬季落叶后应在树木四周开沟施肥，最好施用有机肥，以利于翌年多发枝、多开花。七叶树的主要病虫害有叶斑病、白粉病和炭疽病等，可用70%甲基硫菌灵可湿性粉剂喷洒。

19. 胡桃

Juglans regia L.；胡桃科胡桃属

管护技术：胡桃定植前应注意土壤深翻或树盘深翻，以利于幼树早结果、丰产、稳产。施基肥以早为宜，应在采收后到落叶前完成。追肥的适宜时期为开花前、幼果膨大和果实硬核期。喷肥时期为开花期、新梢速长期、花芽分化期及采收后。胡桃的主要病害为胡桃枝枯病，可危害枝干，造成枝干枯死，需及时清除病枝。

20. 枫杨

Pterocarya stenoptera C. DC. ；胡桃科枫杨属

管护技术：枫杨在幼龄期长势较慢，充足的肥料可以加速植株生长，提高植株抗逆能力和抗病虫害能力，特别是种植在硬化铺装较多和小环境条件不好的枫杨，更需要年年施肥。枫杨喜欢湿润环境，在栽培中应保持土壤湿润而不积水。栽植时应浇好头三水，三水过后每月浇一次透水，每次浇水后应及时松土保墒，入秋后应控制浇水，防止秋发，初冬应浇足、浇透防冻水。枫杨在栽植前应按使用需求进行截干处理，截干后及时对伤口进行处理，防止腐烂并减少水分蒸发。枫杨的主要病害有白粉病、丛枝病，应及时清理枯枝落叶，病丛枝要及时剪除，并加强养护管理。

21. 香樟

Cinnamomum camphora（L.）Presl. ；樟科樟属

管护技术：不论是阴天或晴天种植樟树，都应及时浇透一次定根水。香樟短枝多，连续结果能力强，只要树势正常，年年都会大量开花。但如花量过度，负载过重，树体养分亏缺时，也会显示大小年结果景象。因而，需及时疏除多余花、果。为预防病虫害，需抓好田园卫生，清除枯枝落叶并集中烧毁，以减少越冬虫源。

22. 楠木

Phoebe zhennan S. Lee et F. N. Wei；樟科楠属

管护技术：楠木喜湿耐阴，立地条件要求较高，整地要求细致，一般林地用带状深翻。楠木初期生长慢，易受杂草竞争而影响造林成活和幼林生长。因此，在种植后3~5年内，应加强抚育管理，郁闭前每年全面锄草及块状松土2次，抚育时间应安排在楠木高峰生长季节到来之前，即第一次抚育在4~5月，第二次在8~9月。种植当年抚育宜在下半年安排。楠木易生蛀梢象鼻虫和灰毛金花虫，需加强防护措施。

23. 鹅掌楸

Liriodendron chinense（Hemsl.）Sargent；木兰科鹅掌楸属

管护技术：加强日常养护管理，每年生长期间需定期施肥 2～3 次，幼树还需修剪主干的侧枝，促其向上生长。注意及时中耕除草，适度遮阴，适时灌水施肥。鹅掌楸的主要病害有炭疽病和白绢病，可以石灰水或1%硫酸铜浇苗根。

24. 玉兰

Magnolia denudata Desr.；木兰科木兰属

管护技术：新种植的玉兰应该保持土壤湿润，在生长季节里，可每月浇一次水，雨季应停止浇水，在雨后要及时排水，防止因积水而导致烂根，此外还应该及时松土。玉兰喜肥，除在栽植时施用基肥外，此后每年都应施肥，肥料充足可使植株生长旺盛，叶片碧绿肥厚，花期长且芳香馥郁。另外，当年种植的苗，如果长势不良可以用0.2%磷酸二氢钾溶液进行叶面喷施，能起到有效增强树势的作用。

25. 广玉兰

Magnolia grandiflora L.；木兰科木兰属

管护技术：在对广玉兰的管理中，要注意各种病虫的防治。如广玉兰缺铁症会使广玉兰的嫩叶变黄，使植株缺乏营养，叶片枯萎，整株植物枯萎，失去美观的外形。针对苗木的缺铁症，可以使用喷肥的方式解决，在早晨或傍晚，用硝酸亚铁对叶片的正反两面进行喷洒。还可以在秋季或早春对苗木施基肥。只有给苗木提供了充足的养分，广玉兰才会多开花、花期长、气味浓郁。施肥的原则是少量多次，不能一次施肥太多。

26. 紫玉兰

Magnolia liliflora Desr.；木兰科木兰属

管护技术：紫玉兰喜疏松肥沃的酸性、微酸性土，需增强透气排水性，并防烂根。喜湿润，怕涝，因此适时、适量浇水很重要。喜肥，宜在花前2月和花后5月施肥。入冬落叶时施一次以磷、钾为主的肥料，增强其抗寒越冬能力，其余时间少施或不施，忌单施氮肥。喜光，置于阳光充足的环境下生长健壮繁茂，半阴条件下虽也能生长，但较瘦弱且花少，过阴则无花。紫玉兰根部萌蘖力强，如不需繁殖，随长随剪，保留若干主干即可，对于过高、过长的枝条，可于花后刚展叶时剪短，因其伤愈能力差，剪后要涂硫黄粉防腐，如无必要则不修剪。花后如不需要留种繁殖，应将残花带蒂剪掉。幼苗常有立枯病，生长期主要有刺蛾、红蜘蛛和介壳虫等危害，注意防治。

27. 苦楝

Melia azedarach L. ；楝科楝属

管护技术：苦楝适宜种植于土层深厚、肥沃的土壤中，需精耕细作，施足基肥，同时做好土壤的消毒和灭虫工作。秋季落叶至春季萌芽前，选阴天或无风的清晨及傍晚进行移植。移植时适当修剪主根，以促进侧根的生长。移植后做好松土除草、灌溉施肥、病虫害防治等工作，使根系、枝条尽快恢复生长。

28. 香椿

Toona sinensis（A. Juss.）Roem. ；楝科香椿属

管护技术：香椿喜光，需水量不大，肥料以钾肥需求较高。香椿易生白粉病和叶锈病，可用15%的粉锈灵600倍液或50%的退菌特800倍液防治。如发生云斑天牛、椿象、甲虫之类的蛀干害虫，通常采用人工捕杀，或用90%的敌敌畏乳剂防治，椿皮蜡蝉之类的蛀食性害虫可采用人工摘除卵块并烧毁，或用40%马拉硫磷1000倍液喷雾防治。地下害虫地老虎、蝼蛄可用毒饵诱杀。冬季采用石硫合剂涂刷树干杀灭虫卵。

29. 合欢

Albizia julibrissin Durazz. ；豆科合欢属

管护技术：苗期要做好定苗、除草、施肥等工作。如果田间杂草过多可进行人工锄草或化学除草。定苗后结合灌水追施淡薄有机肥和化肥，加速幼树生长，施肥时要按照"少量多次"的原则，不得施"猛肥"，以防肥多"烧苗"。由于合欢不耐水涝，故要在圃田内外开挖排水沟，做到能灌能排。如作城镇、园区绿化之用，要分床定植，苗期要及时修剪侧枝，保证主干通直。病害有锈病、枯萎病，虫害有合欢吉丁虫、双条合欢天牛、合欢巢蛾，应加强防治。

30. 构树

Broussonetia papyrifera（L.）Vent.；桑科构树属

管护技术：构树种植不受地形地貌的限制，既可集中连片种植，也可"见缝插针"，在沟、塘、库岸、溪流两侧，以及房前屋后都可种植。种植密度根据营林目的不同而有差别。构树幼林地易生杂灌木，影响林木生长，为使林相整齐，生长健壮，提高树林的产量和质量，抚育管理时可采取砍杂除灌等措施，必要时可进行林地中耕除草和施肥。主要病虫害为烟煤病和天牛，需及时采取措施加以防治。

31. 榕树

Ficus microcarpa L. f.；桑科榕属

管护技术：在日常维护中需注意浇水、施肥、修剪等。浇水应该采取"见干见湿"的原则。不要经常浇水，浇必浇透。浇水过多，会引起根系的腐烂，使其落叶。榕树在北方养护难度较大，家庭种植要多喷叶面水，增加其周围空气的湿度。榕树的生长温度昼夜不宜相差过大。平时要注意放置在通风透光的地方，在夏季时要注意适当地遮阴。培养土采用疏松、通水性好的腐殖土，盆景上方最好放置与盆大小一致的苔藓，可起到排水透气的作用。榕树的生长喜肥，但施肥次数多对榕树的生长会造成伤害。根据季节的不同施肥量也要有所不同。榕树生长旺季需进行摘心和抹芽，秋季进行一次大的修剪，剪去徒长枝、并生枝、病弱枝、交叉枝等。榕树喜酸性土，属非耐寒性植物，在北方地区，一般冬天还要进入温室维护管理。

32. 桑树

Morus alba L.；桑科桑属

管护技术： 成年桑树管理较为常规。旱季要及时灌溉，土壤水分也不能过多，雨季应排除积水。全年施肥分为春、夏两次，也可适量使用叶面肥。春芽萌发后用敌敌畏、乐果进行一次虫害防治，夏、秋可用敌敌畏、乐果、多菌灵、甲基硫菌灵等进行病虫害防治。

33. 白蜡

Fraxinus chinensis Roxb.；木犀科白蜡树属

管护技术： 白蜡的主要病害是煤污病，主要害虫有卷叶虫和天牛，前者危害嫩叶，后者蛀食枝干。可用50%杀螟松1000倍液喷杀初龄幼虫。

34. 女贞

Ligustrum lucidum Ait.；木犀科女贞属

管护技术： 女贞是偏于喜湿性的植物，但是水分过多又易引发病害，因此一定要严格控制好水分，应每天进行喷水。喷水可利用喷灌设施进行，这样既能保证水分散发的面积，很好地维持地面湿度，又能合理地控制水分不过量。女贞在苗期生长无须太多的肥料，只要适当地追施叶面肥即可。病害主要有锈病、立枯病。

35. 二球悬铃木

Platanus hispanica Muenchh.；悬铃木科悬铃木属

管护技术： 二球悬铃木是抗病性较强的植物，发病率比较低，常见病害有白粉病、霉斑病、枝干溃疡病、黄叶病等。近年来由于高温高湿天气的影响，白粉病已经成为二球悬铃木的重要病害之一，而且有逐年加重的趋势，应加强预防措施。

36. 一球悬铃木

Platanus occidentalis L.；悬铃木科悬铃木属

管护技术：对土壤条件要求不严，但以肥沃湿润的壤土或沙质壤土最佳，排水需良好，日照要充足。每季施肥 1 次，定植前宜施基肥。每年冬季落叶后应整枝修剪 1 次，剪除主干下部的侧枝，能促进长高。若分枝疏少，应修剪枝顶或加以摘心，以促使萌发分枝，使枝叶更茂密。

37. 三球悬铃木

Platanus orientalis L.；悬铃木科悬铃木属

管护技术：悬铃木的最佳栽植时间是 3 月，为确保成活，减少树体蒸腾，栽前可在 3~3.5 米高处定干，把以上枝条全部抹去，锯口涂防腐剂。栽后立即浇透水，之后每隔一周浇水 1 次，浇足、浇透，连浇 3~4 次，浇后中耕、松土。秋季施有机肥、踏实、浇水，树干基部培土进行防寒越冬。悬铃木具有通直的主干，枝条开展，通常用阔大的自然形树冠。作行道树时，整形修剪方式一般采用杯状形，若上方无架空线也可采用开心形。作庭荫树时，以自然直干形或多主枝形为主。

38. 梅

Armeniaca mume Sieb.；蔷薇科杏属

管护技术：定植过程中需注意勿伤须根，并将截断的根末端剪（锯）平，以利于伤口愈合。沙质土壤或砾质土壤有利于排水，适于梅花栽植。合理供水，才能使梅花生长良好，但梅花最怕水浸，也不宜太干燥。梅花耐贫瘠，不需要很多的养料，因此一般不需要施肥过多，适量即可，否则会枝叶徒长，不易形成花芽。

39. 樱花

Cerasus serrulata（Lindl.）G. Don ex London；蔷薇科樱属

管护技术：为防苗木受到旱害，除定植时需充分灌水外，定植后仍需经常灌水，保持土壤潮湿但无积水，注意及时松土。樱花每年冬季或落花后各施肥一次，以酸性肥料为好。一般大樱花树干上长出许多枝条时，应保留若干长势健壮的枝条，其余全部从基部剪掉，以利于通风透光。修剪后的枝条要及时用药物消毒伤口，防止雨淋后病菌侵入导致腐烂。樱花的主要病害有流胶病和根瘤病，应通过加强水肥管理等进行预防。常见有蚜虫、天幕毛虫、红蜘蛛、金龟子及刺蛾等虫害发生，应及时防治。

40. 东京樱花

Cerasus yedoensis（Matsum.）Yü et Lu. Don ex London；蔷薇科樱属

管护技术：定植时间宜选在早春土壤解冻后，一般为2~3月。定植时需确保根系充分伸展。定植后苗木易受旱害，除定植时充分灌水外，以后仍需经常灌溉，以保持土壤潮湿但无积水为宜，灌后及时松土。生长期每年施肥两次，以酸性肥料为好。主要虫害有瘤蚜虫、红蜘蛛和介壳虫。主要病害有流胶病、根瘤病、褐斑病和叶枯病等。

41. 西府海棠

Malus micromalus Makino；蔷薇科苹果属

管护技术：在落叶后至早春萌芽前进行一次修剪，把枯弱枝、病虫枝剪除，以保持树冠疏散，通风透光。为促进植株开花旺盛，须将徒长枝进行短截，以减少发芽的养分消耗。在生长期间，需及时进行摘心，限制早期营养生长。易受金龟子、卷叶虫、蚜虫、袋蛾和红蜘蛛等害虫侵害，主要的病害有梨桧锈病、腐烂病、赤星病等。需加强水肥管理以预防病虫害，必要时可清除病树、烧掉病枝，减少病菌来源或喷涂杀虫剂、杀菌剂，每年在新枝抽叶后及时喷布波尔多液，可以防锈病孢子寄生。

42. 海棠

Malus spectabilis（Ait.）Borkh.；蔷薇科苹果属

管护技术：海棠种植应选择肥沃、疏松且排水良好的沙质壤土，精细整地，施足基肥。移植期以休眠期最好。因忌水渍，所以应栽植在地势稍高不易积水、向阳的地方。移植后要加强抚育管理，需及时浇定根水，保持土壤疏松肥沃，并做好清沟、培土工作。日常管理主要有松土、锄草、水肥及病虫害防治等。在落叶后至早春萌芽前进行一次修剪，把枯弱枝、病虫枝剪除，以保持树冠疏散，通风透光。为促进植株开花旺盛，须将徒长枝进行短截，以减少发芽的养分消耗，修剪后涂抹愈伤防腐膜，使其伤口快速愈合。

43. 紫叶李

Prunus cerasifera f. *atropurpurea*（Jacq.）Rehd.；蔷薇科李属

管护技术：①施肥。可在定植时向坑内施用两三锹经腐熟发酵的圈肥，以后可于每年开春时施用一些有机肥，可使植株生长旺盛，花多色艳。

②浇水。可在开春萌动前和秋后霜冻前各浇水 1 次，平时如天气不是过旱，则不用浇水。由于紫叶李不耐水淹，因此雨后应及时做好排水工作，以防因烂根而导致植株死亡。

③剪枝。一般多在冬季落叶后进行，主要剪去过密枝、下垂枝和病虫枝，还要结合造型，将过长的侧生枝剪掉，使植株冠形丰满。紫叶李的病虫害主要有红蜘蛛、刺蛾和布袋蛾，需加强防治，必要时可用 40% 的氧化乐果乳油 1000 倍液进行喷杀。

44. 加拿大杨

Populus × *canadensis* Moench；杨柳科杨属

管护技术：当大部分的幼苗长出 3 片或 3 片以上的叶子后就可以移栽。定植后，根据干旱情况于春夏两季施肥 2～4 次，然后浇透水。入冬以后至开春以前，再施肥 1 次，但不用浇水。在冬季植株进入休眠或半休眠期后，要把瘦弱、病虫、枯死、过密等枝条剪掉。加拿大杨易受透翅蛾危害，应注意防治虫害。

45. 钻天杨

Populus nigra var. *italica*（Muench）Koehne；杨柳科杨属

管护技术：钻天杨枝条紧凑，树干不端直，影响树冠的通风，常生木瘤，因此在种植时要对过密枝和干枯枝进行修剪，保证树冠通风。根据干旱情况春夏两季施用 2~4 次肥水，入冬以后至开春以前，再施肥 1 次，但不用浇水。在冬季植株进入休眠或半休眠期后，要把瘦弱、病虫、枯死、过密等枝条剪掉。另需加强病虫害预防。

46. 毛白杨

Populus tomentosa Carr.；杨柳科杨属

管护技术：选择雄性毛白杨优良品种培育小苗。移栽宜在早春或晚秋进行，适当深栽。毛白杨喜大肥大水，栽植后前 3 年，每年浇水 2~4 次。同时，在每年生长高峰到来之前，追施碳酸氢铵肥，第一年施肥 0.07 千克/株，第二年 0.35 千克/株，第三年 0.5 千克/株。毛白杨容易发生病虫害，应加强防治。蚜虫发生时，可喷乐果 1500 倍乳剂；卷叶蛾发生时，可喷敌敌畏 2000 倍液。冬季寒流到来之前树干涂白或缚草防冻。早春对伤口可用刀削平以利于提早愈合。

47. 垂柳

Salix babylonica L.；杨柳科柳属

管护技术：垂柳是常用的行道树之一，要使垂柳长得又快又直，应注意以下几点：首先，应勤施肥、多浇水，一般一年可长至 2 米左右。其次，垂柳在生长过程中不容易控制，常常长弯，要使垂柳长直，关键在于修剪。扦插时应除去插条的侧芽。危害垂柳的虫害主要有柳树金花虫和蚜虫，应加强管理，增强树势，提高自身的抗病能力。

48. 旱柳

Salix matsudana Koidz.；杨柳科柳属

管护技术：用种子、扦插和埋条等方法均可繁殖。扦插育苗为主，播种育苗亦可。扦插育苗技术简单，在园林育苗生产上广泛应用。出苗期应保持土壤湿润，干旱时可在垄间步道放水灌溉。幼苗期要及时追肥和中耕除草，并注意选留一枝健壮的枝条培养成主干，清除多余的萌条。速生期苗干上的新生腋芽常抽生侧枝，为保证主干生长，除保留 3/5 的枝条外，应及时分期抹掉下部苗干的腋芽，至 8 月上、中旬应停止抹芽。旱柳常见病虫害有柳锈病、柳金花虫、柳毒蛾、柳天蛾、柳干木蠹蛾等，应注意防治。

49. 馒头柳

Salix matsudana var. *matsudana* f. *umbraculifera* Rehd. ；杨柳科柳属

管护技术：馒头柳的适应性很强，对二氧化硫等有毒气体具有很强的抗性，在干旱与积水的环境下均可正常生长，但切勿种植于盐碱地和黏重土壤中。馒头柳常见的病虫害有尺蠖、介壳虫、卷叶蛾、蚜虫和白粉病等，在使用药物治疗时，应该注意药物的浓度、时间及安全性，避免不合理使用药物对环境造成破坏。

50. 栾树

Koelreuteria paniculata Laxm. ；无患子科栾树属

管护技术：栾树病虫害少，栽培管理容易，栽培土质以深厚、湿润的土壤最为适宜。要经常松土、除草、浇水，保持床面湿润。松土除草范围应大于原来栽植穴，每年进行 1~2 次，第一次 5~6 月，第二次 8~9 月。除去的杂草等可覆盖在树干周围。结合松土除草，对树干下的萌芽枝条进行适当修剪，促进主干通直。

51. 荔枝

Litchi chinensis Sonn. ；无患子科荔枝属

管护技术：定植后 2~3 年内以增加根量、促梢、壮梢为主。枝梢顶芽萌动时施以氮肥为主的速效肥，促使新梢迅速生长和长叶；当新梢生长基本停止，叶色由红转绿时，施第二次肥促使新梢迅速转绿，增粗枝干。新梢转绿之后施入第三次肥，以加速新梢老熟。幼树根系少，吸肥能力弱，可喷施叶面肥。荔枝菌根好气，土壤疏松通气利于根系生长发育，需加强松土并及时除草。幼年荔枝树根少且浅，受表土水分变化的影响大，在土壤干旱、大气干燥的条件下，应注意淋水保湿。雨季防止栽植穴积水，下沉植株宜适当抬高，以利于正常生长。

荔枝的病害有霜疫霉病、炭疽病，虫害有荔枝椿象、荔枝蒂蛀虫、龟背天牛等。

52. 泡桐

Paulownia fortunei（Seem.）Hemsl.；玄参科泡桐属

管护技术： 在定植后的当年或翌年春季，将干枯的顶梢剪除，然后培育一个健壮芽，促使其迅速向上生长。泡桐的皮很薄，损伤后很难愈合，对材质影响很大。因此，必须加强保护，严防碰伤或牲畜啃坏。另外，泡桐在幼年期易受日灼和冻害，可于初冬和早春在树干上涂刷白涂剂，或捆上草把，有良好效果。泡桐根系分布较浅，不耐土壤干旱，幼苗期每年冬季应翻锄一次，深10~20厘米；有条件的地方，在干旱季节灌2~3次水。泡桐丛枝病是较为普遍的病害，有的地区发病率高达80%~90%，病原为类菌原体。幼树发病后，多在主干或主枝上部丛生小枝、小叶，形如扫帚或鸟窝。防治方法包括选用无病母树的根作为繁殖材料、及时修除病树、选用抗病良种等。害虫有大袋蛾（危害叶部）、毛黄鳃金龟（幼虫食苗木根皮）。

53. 臭椿

Ailanthus altissima（Mill.）Swingle；苦木科臭椿属

管护技术： 臭椿的栽植冬春两季均可，春季栽苗宜早栽，在苗干上部壮芽膨大呈球状时栽植成活率最高，栽植时要做到穴大、深栽、踩实、少露头。干旱或多风地带宜采用截干造林，栽后及时浇水，确保成活。注意树形的修剪，以防枝条徒长使树形无法控制。臭椿对病虫害抵抗能力较强。白粉病是常见的病害，虫害主要有旋皮夜蛾、蓖麻蚕，应及早发现及时防治。

54. 青檀

Pteroceltis tatarinowii Maxim.；榆科青檀属

管护技术： 青檀对造林地的要求不高，路旁、坎边、山地向阳坡、谷地以及岩石裸露的石灰岩均可栽植。栽植后要及时进行抚育，清除与青檀争夺水分、养分的杂草和灌木，每年抚育 2 次，6 月、8 月各一次，抚育后可配合施肥，促进青檀生长。

55. 白榆

Ulmus pumila L.；榆科榆属

管护技术：苗间管理是培育白榆壮苗的重要环节，主要管理措施有松土除草、追肥灌水、间苗、定株和移植等。常见病害有霉烂病、霉斑病、白粉病等，常见虫害有榆紫金花虫、榆天社蛾、榆毒蛾、介壳虫、蚜虫、红蜘蛛等。应以预防为主，首先把好苗木关，栽植前严格进行检验，其次在生长季节如发现病株应及时挖除，以防感染，并对所有植株喷施灭菌灵。少量虫害可以人工捕杀，大面积虫害可以喷施氧化乐果或敌敌畏乳油进行防治。

三、灌木与藤本管护技术

1. 夹竹桃

Nerium oleander L.；夹竹桃科夹竹桃属

管护技术：夹竹桃于秋末施基肥，使枝条发育充实有利于越冬，且翌年生长健壮。春季进行整形修剪，去除长枝、病虫枝、瘦弱枝等，并对过密枝进行疏剪，使枝条分布均匀。北方栽植夹竹桃要选背风向阳处，冬季入室内防冻，翌年 4 月下旬再移出室外栽植。冬季室外温度高的可以培土御寒。褐斑病是夹竹桃的重要病害，各地普遍发生，危害严重。可以通过合理密植、科学肥水管理、培育壮苗、清除病叶集中烧毁等减少菌源。另外，还可在发病初期喷洒 50%苯菌灵可湿性粉剂 1000 倍液或 25%多菌灵可湿性粉剂 600 倍液、36%甲基硫菌灵悬浮剂 500 倍液。

2. 鸡蛋花

Plumeria rubra L. var. *acutifolia*（Poir.）Bailey；夹竹桃科鸡蛋花属

管护技术：鸡蛋花是强阳性花卉，夏季不用遮阴。冬季应在室内养护，5℃以下就会受到冻害。因鸡蛋花是多肉植物，所以水分不宜过多，以不干不浇、见干即浇、浇必浇透、不可积水为原则。鸡蛋花喜欢石灰质土，因此施肥要注意补钙，可以加骨粉，或施用含有鸡蛋壳、鱼刺、碎骨等腐熟的富含钙的有机肥。鸡蛋花主要病虫害有角斑病、白粉病、锈病、红蜘蛛和介壳虫。早春季节每隔 7~10 天喷洒 1 次 0.5% 波尔多液，或 70% 代森锰锌可湿性粉剂 400 倍液，或多菌灵 600 倍液，可防治角斑病；每 10 天喷洒一次 50% 的甲基硫菌灵·硫黄悬浮剂 800 倍液，或 20% 的三唑酮乳油 2500 倍液，连续 2~3 次，可防治白粉病；用 25% 粉锈宁 1500~2000 倍液防治锈病；喷施敌死虫乳油 100~200 倍液防治红蜘蛛；用 25% 的扑虱灵可湿性粉剂 2000 倍液进行喷杀，防治介壳虫。

3. 枸骨

Ilex cornuta Lindl.；冬青科冬青属

管护技术：枸骨耐阴，宜在阴湿的环境中生长，夏季需在荫棚下或林荫下养护；果期要加以遮盖保护，以防鸟雀啄食；冬季需入室越冬。生长旺季要勤浇水，需保持盆土湿润、不积水，夏季要常向叶面喷水，以利于蒸发降温。一般春季每 2 周施一次稀薄的饼肥水，秋季每月追肥一次，夏季可不施肥，冬季施一次肥。枸骨病虫害很少，有时枝干因生木虱而引起煤污病，可在 4~5 月每 10 天喷洒一次波尔多液或石硫合剂。或于早春喷洒 50% 乐果乳油 2000 倍液，毒杀越冬木虱，每周一次，连续 3 次即可。偶见介壳虫危害时，用砷酸铅喷杀即可。

4. 常春藤

Hedera helix L.；五加科常春藤属

管护技术：常春藤的管理简单，春季注意适当浇水和施肥，进入生长季节可扦插繁殖，移植可在初秋或晚春进行，定植后需加以修剪，促进分枝；春末夏初移至荫棚，及时浇水、喷水，保持空气湿润，每月追肥一次；夏季不宜浇水过多；秋季注意控制浇水施肥；冬季放入温室越冬，室内要保持空气的湿度，不可过于干燥，但盆也不宜过湿。病害主要有叶斑病、炭疽病、细菌叶腐病、叶斑病、根腐病、疫病等。虫害以卷叶蛾、介壳虫和红蜘蛛的危害较为严重。

5. 紫叶小檗

Berberis thunbergii'Atropurpurea'Nana；小檗科小檗属

管护技术：矮紫叶小檗适应性强，长势健壮，管理粗放，宜栽植在排水良好的沙壤土中。对水分要求不严，但土壤过湿会使根系缺氧发生烂根，因此雨季要注意排水，浇水应掌握见干见湿的原则，不干不浇。夏季应在半阴处养护，其他季节可多进行日晒。高温干燥时，应喷水降温增湿。施肥可隔年，秋季落叶后，在根际周围开沟施腐熟厩肥或堆肥1次，然后埋土并浇足封冻水。紫叶小檗最常见的病害是白粉病，可用三唑酮1000倍液进行叶面喷施，每周一次，连续2~3次可基本控制病害。

6. 南天竹

Nandina domestica Thunb.；小檗科南天竹属

管护技术：南天竹的管理养护比较简单，宜栽植在土地肥沃、排水良好的沙质壤土。南天竹喜肥，在栽培的时候可适量施磷、钾肥，生长期每月施1~2次液肥。盆栽南天竹生长几年后，枝叶会老化脱落，可在4月进行整形修剪，一般主茎留15厘米左右便可，秋后还能恢复到1米高，并且树冠丰满。

7. 凌霄

Campsis grandiflora（Thunb.）Loisel ex K. Schum.；紫葳科凌霄花属

管护技术：凌霄的早期管理要注意浇水，后期管理可粗放些。植株长到一定程度，要设立支杆。冬季置不结冰的室内越冬，严格控制浇水，早春萌芽之前进行修剪。开花之前施一些复合肥、堆肥，并进行适当灌溉，使植株生长旺盛、开花茂密。凌霄的病虫害主要有凌霄灰斑病、白粉病、根结线虫病、霜天蛾、大蓑蛾、蚜虫等。可喷洒

50%多菌灵可湿性粉剂 1500 倍液防治灰斑病和白粉病，在生长期用 40%氧化乐果乳油 1200 倍液喷杀粉虱和介壳虫，喷施 40%乐果 500～800 倍液进行防治蚜虫。

8. 炮仗花

Pyrostegia venusta（Ker-Gawl.）Miers；紫葳科炮仗花属

管护技术：炮仗花为多年生常绿攀缘藤本植物，生有卷须，可以借助他物向上攀缘生长，待枝条在攀附物上长到一定高度时，要打顶，促使萌发新枝，以利于多开花。已经开过花的枝条，翌年不再开花，而新生长的枝条要孕蕾，因此对一些老枝、弱枝等要及时剪除，以免消耗养分，影响第二年开花。炮仗花常见病虫害有叶斑病、白粉病、粉虱和介壳虫，可喷洒 50%多菌灵可湿性粉剂 1500 倍液防治叶斑病和白粉病，用 40%氧化乐果乳油 1200 倍液喷杀粉虱和介壳虫。

9. 黄杨

Buxus sinica（Rehd. et Wils.）Cheng ex M. Cheng；黄杨科黄杨属

管护技术：浇水施肥是保证黄杨栽培苗木成活的主要措施。黄杨在幼苗期需磷比较多，生长旺季需氮比较多，秋季停止生长时则需较多的钾。施用氮肥应在春夏进行，8～9 月一定要停施氮肥，施肥以磷、钾肥为主，以促进黄杨苗木的木质化和根系生长，提高苗木抗寒能力。黄杨常见病虫害有白粉病、白绢病和叶斑病，喷洒 0.5 波美度的石硫合剂或硫菌灵可防治白粉病；发病前应定期喷洒 50%多菌灵可湿性粉剂 500 倍液防治白绢病；喷洒 1%波尔多液 4～5 次防治叶斑病，每隔 7 天喷洒 1 次。

10. 蜡梅

Chimonanthus praecox（L.）Link.；蜡梅科蜡梅属

管护技术：平时浇水以维持土壤半墒状态为佳，雨季注意排水，防止土壤积水。干旱季节及时补充水分，开花期间，土壤保持适度干旱，不宜浇水过多。每年花谢后施一次充分腐熟的有机肥；春季新叶萌发后至6月的生长季节，每10~15天施一次腐熟的饼肥水；7~8月的花芽分化期，追施腐熟的有机肥和磷、钾肥混合液；秋后再施一次有机肥。每次施肥后都要及时浇水、松土，以保持土壤疏松，花期不要施肥。主要病虫害有炭疽病、黑斑病、蚜虫、红颈天牛、日本龟蜡蚧等。

11. 糯米条

Abelia chinensis R. Br.；忍冬科六道木属

管护技术：移植糯米条苗木时需带土，并对移栽植株适当修剪整形。春季萌芽前施肥一次，初夏开花前再施一次磷、钾肥。秋季天气干旱，应及时浇水保持土壤湿润。糯米条常见的病害有叶斑病和白粉病，可用70%甲基硫菌灵可湿性粉剂1000倍液喷洒防治。虫害有尺蛾和蛱蝶，用2.5%敌杀死乳油3000倍液喷杀。

12. 猬实

Kolkwitzia amabilis Geaebn.；忍冬科猬实属

管护技术：猬实管理方便，花后酌量修剪，秋冬酌施基肥。病虫害较少，5~6月和秋季偶有蚜虫危害，可用40%乐果乳剂1000~1500倍液防治。

13. 金银花

Lonicera japonica Thunb.；忍冬科忍冬属

管护技术：栽植后的前1~2年内，是金银花植株发育定型期，多施一些人畜粪、草木灰、尿素、硫酸钾等肥料。栽植2~3年后，每年春初，应多施畜杂肥、厩肥、饼肥、过磷酸钙等肥料。第一茬花采收后即应追适量氮、磷、钾复合肥料，为下茬花提供充足的养分。每年早春萌芽后和第一批花收完时，开环沟浇施人粪尿、化肥等。金银花的主要病害有褐斑病和白粉病，剪除病叶，清理病残株后，用1：1.5：200的波尔多液喷洒，每7~10天1次，连续2~3次，或用65%代森锌500倍稀释液或硫菌灵1000~1500倍稀释液，每隔7天喷1次，连续 2~3 次；用 50%硫菌灵 1000 倍液或 BO-10 生物制剂喷雾防治白粉病。主要虫害有蚜虫、尺蠖和天牛，用 40%乐果 1000~1500 倍稀释液或灭蚜松（灭蚜灵）500~1000 倍稀释液喷杀，连续多次，直至杀灭。幼虫发生初期，喷 2.5%鱼藤精乳油 400~600 倍液，或用敌敌畏、敌百虫等喷杀尺蠖，但花期要停止喷药。天牛成虫出土时，用 80%敌百虫 1000 倍液灌注花墩，产卵盛期，7~10 天喷 1 次 90%敌百虫晶体 800~1000 倍液。

14. 金银木

Lonicera maackii（Rupr.）Maxim.；忍冬科忍冬属

管护技术：除在定植时给植株施用适量猪粪作为基肥外，生长旺盛阶段还应每隔半月追施一次液体肥料。金银木喜温暖的环境，亦较耐寒，在中国北方绝大多数地区可露地越冬。它的生长适温为 14~28℃，越冬温度不宜低于−15℃。金银木每年都会长出较多新枝，因此应该将部分老枝剪去，以起到整形修剪、更新枝条的作用，如此处理也有助于生产出品质优良的金银木插条。

15. 锦带花

Weigela florida（Bunge）A. DC.；忍冬科锦带花属

管护技术：①浇水。生长季节注意浇水，春季萌动后，要逐步增加浇水量，经常保持土壤湿润。夏季要保持充足水分并喷水降温或移至半阴湿润处养护，每月浇 1~2 次透水。

②施肥。盆栽时可用园土 3 份和砻糠灰 1 份混合，另加少量厩肥等作基肥。栽种时施以腐熟的堆肥作基肥，以后每隔 2~3 年于冬季或早春的休眠期在根部开沟施一次肥。生长季每月施肥 1~2 次。

③修剪。每年春季萌动前应将植株顶部的干枯枝以及其他的老弱枝、病虫枝剪掉，并剪短长枝。若不留种，花后应及时剪去残花枝，以免消耗过多的养分，影响生长。对于生长 3 年的枝条要从基部剪除，以促进新枝的健壮生长。由于着生花序的新枝多在 1~2 年生枝上萌发，所以开春不宜对上一年生的枝做较大的修剪，一般只疏去枯枝。

④病虫害防治。锦带花病虫害不多，偶尔有蚜虫和红蜘蛛危害，可用乐果喷杀。

16. 四照花

Dendrobenthamia japonica（A. P. DC.）Fang var. *chinensis*（Osborn）Fang；山茱萸科四照花属

管护技术：开花、发芽、结果前按树木大小进行松土、追肥和浇水。每年落叶后或春季发芽前进行整形修剪，以枝条分布均匀、生长健壮为原则。修剪主要对枝条进行短截，其次剪除枯死枝、病虫枝、扫膛枝、瘦弱枝及生长不良的枝条。在生长过程中，逐步剪去基部枝条，对中心主枝短截，提高向上生长能力。病虫害有角斑病、蛾类和蚜虫类等。以预防为主、积极消灭为原则。

①角斑病防治。主要危害叶片，在 5 月连续喷洒 3 次波尔多液，每次间隔 10~15 天，或于发病初期连续喷洒 2~3 次 5%利菌特可湿性粉剂 800~1000 倍液及 75%的百菌清可湿性粉剂 500~800 倍液，每次间隔 7~10 天进行喷杀。

②蛾类防治。主要有刺蛾、大蓑蛾啃食四照花的叶片和嫩枝，可用 90%的敌百虫 1000 倍液或 50%的辛硫磷 1000 倍液及时防治。

③蚜虫类防治。主要危害嫩叶、枝梢、花和幼芽等，可用 40%的乐果乳剂 1500 倍液、70%的可湿性灭蚜灵粉剂 800~1000 倍液、50%的可湿性抗蚜威粉剂或 50%的抗蚜威水溶液 1000~2000 倍液喷杀。

17. 红瑞木

Cornus alba Opiz；山茱萸科梾木属

管护技术：红瑞木定植时，每穴应施腐熟堆肥 10~15 千克作基肥，以后每年春或秋开沟施追肥。早春萌芽应进行更新修剪，将上年生枝条短截，促其萌发新枝，保持枝条红艳。栽培中出现老株生长衰弱、皮涩花老现象时，应注意更新，可在基部留 1~2 个芽，其余全部剪去，新枝萌发后适当疏剪，当年即可恢复。预防叶斑病，栽植不宜过密，适当进行修剪，以利于通风、透光；浇水时尽量不沾湿叶片，最好在晴天上午进行为宜。喷 70%甲基硫菌灵可湿性粉剂 1000 倍液，或 25%多菌灵可湿性粉剂 250～300 倍液，或 75%百菌清可湿性粉剂 700～800 倍液防治。每隔 10 天喷 1 次。病害严重时，可喷施 65%代森锌 600～800 倍液，或 50%多菌灵 1000 倍液，以控制病害蔓延和扩展。防治白粉病，可喷洒 200 倍等量式波尔多液或 800 倍百菌清，一旦发生这种病害，除了摘除病叶外，还需喷洒 0.3～0.5 波美度石硫合剂。防治蚜虫，可喷洒 50%辟蚜雾超微可湿性粉剂 2000 倍液或 20%灭多威乳油 1500 倍液、50%蚜松乳油 1000～1500 倍液、50%辛硫磷乳油 2000 倍液、80%敌敌畏乳油 1000 倍液。

18. 迎红杜鹃

Rhododendron mucronulatum Turcz.；杜鹃科杜鹃花属

管护技术：施肥时要遵循适时适量、薄肥勤施的原则。春季开花前为促使枝叶及花蕾生长，可每月追施一次磷肥；花后施 1～2 次氮、磷为主的混合肥料；9～10 月孕蕾期施 1～2 次磷肥；在生长期、开花期肥水要求较多，冬季休眠、夏季生长缓慢时要控制肥水，以防烂根。为加速植株盛开，可通过摘心来促发新枝，对于花朵簇拥、影响花形的可以提早疏蕾，这样不但使当年花大色鲜，也有利于植株翌年生长开花。杜鹃萌发力强，枝条严重影响植株生长发育，降低其观赏性和商品性，因此需通过修枝来调整。修枝一般在春季花谢后及秋季进行，剪去枯枝、斜枝、徒长枝、病虫枝及部分交叉枝，避免养分消耗，使整个植株开花丰满。常见的病害有叶肿病、叶斑病和褐斑病。

19. 扶芳藤

Euonymus fortunei（Turcz.）Hand.‐Mazz.；卫矛科卫矛属

管护技术：定植后如遇天旱，每天淋水 1 次，1 周后每周淋水 1 次，直至成活为止。也可用秸秆或杂草覆盖树盘，成活后一般不用淋水。种植成活后，如发现有缺株，应及时补上同龄苗木，以保证全苗生产。每月应进行 1～2 次中耕除草。施肥以腐熟农家肥为主，化肥可与农家肥、微生物肥配合施用，有机氮与无机氮之比以 1：1 为宜。定植后第一年，当苗高 1 米左右时，结合除草、培土，每公顷施入腐熟农家肥 30 000 千克、尿素 300 千克或生物有机肥 750 千克，行间开沟施用；穴栽的可在植株根部开穴施肥，每穴施入农家肥 0.5 千克。第二年以后，每年春夏季（4~5 月）、冬季（11~12 月）各施肥 1 次，并结合除草、松土，采用行间开沟施肥方式，以腐熟农家肥为主，每公顷用量为 30 000 ~37 500 千克，如春季施肥，每公顷宜追加复合肥 300 千克或生物有机肥 750 千克。扶芳藤抗病能力较强，栽培试验尚未有病害发生。虫害主要是卷叶蛾，多发生在苗圃或种植密度较高、比较荫蔽的地方，以幼虫蚕食幼嫩茎叶或咬断嫩茎危害。在卷叶蛾幼虫初发期，可用 90% 敌百虫可溶性粉剂 800~1000 倍液或 90% 敌百虫晶体 1000 倍液喷杀。

20. 紫藤

Wisteria sinensis（Sims）Sweet；蝶形花科紫藤属

管护技术：①浇水。紫藤的主根很深，有较强的耐旱能力，但是喜欢湿润的土壤，又不能让根泡在水里，否则会烂根。

②施肥。一年中施 2~3 次复合肥就基本可以满足需要。萌芽前可施氮肥、过磷酸钙等。生长期间追肥 2~3 次，用腐熟人粪尿即可。

③修剪。修剪时间宜在休眠期，修剪时可通过去密留稀和人工牵引使枝条分布均匀。为了促使花繁叶茂，还应根据其生长习性进行合理修剪。因紫藤发枝能力强，花芽着生在 1 年生枝的基部叶腋，生长枝顶端易干枯，因此要对当年生的新枝进行回缩，剪去 1/3~1/2，并将细弱枝、枯枝齐分枝基部剪除。应保持栽培环境的整洁卫生，经常清除日光温室内以及温室周围的杂草，及时检查并清除黄叶病株，对发病较重的病株要废弃掩埋，以防其成为感染源，对发病较轻的病株要用剪子剪除病叶，马上喷洒相应的农药，并进行隔离栽培，以控制病虫害蔓延。喷洒农药要不留死角，特别是叶背、温室的角落及地面均要充分喷到，温室每月进行 1 次消毒处理。

21. 太平花

Philadelphus pekinensis Rupr.；绣球花科山梅花属

管护技术：应根据不同地区、不同季节进行适时浇水。每年土壤解冻时就要松土、除草。一般情况下 3~4 月每月浇水 1 次，5~6 月气温相对升高，蒸发量大，可每月浇水 2 次，7~9 月雨水较多，应及时排涝。11 月花进入休眠期，浇 1 次越冬水是必不可少的。切忌用已污染的池塘水、湖水，特别是含酸、碱量较大的水浇灌。每年土壤解冻时就要松土、除草。花对肥料的消耗量很大。施肥应以有机肥为主，无机肥为辅。有机肥以腐熟的鸡粪、猪粪、人粪尿为最好，其次为饼肥、骨粉等，无机肥则选用含钾、磷量较高的复合肥，磷酸二氢钾为主，应少用尿素。平茬枝条生长有顶端优势，为了保证催花苗的枝条数，必须进行平茬，以增强萌发。催花苗一般应重点防治地老虎、蝼蛄。可使用50%辛硫磷乳油 1000 倍液及 50%磷胺乳油 1500 倍液灌根。一般情况下，在春、夏用杀虫剂和杀菌剂防治 2 次即可。

22. 海州常山

Clerodendrum trichotomum Thunb.；马鞭草科大青属

管护技术：海州常山以播种、扦插、分株等方法进行繁殖。实生苗须 3~5 年后方可开花，而分株当年便能开花。为了保持海州常山旺盛生长，将植株栽于土壤深厚、光照条件好的环境下，栽植土壤须增施有机肥，并在生长初期保持灌水，保证成活。每年为促进植株萌芽强、扩大株丛，须增施追肥，以促进旺盛生长。枝条萌芽力强，于生长早期剪去主干或摘去顶芽，促进侧枝萌生。在生长旺盛、花蕾未形成前，通过修剪保持株形圆满。秋季不要施肥，以增加植株抗寒性能，有利于越冬。

23. 龙牙花

Erythrina corallodendron L.；豆科刺桐属

管护技术：盆栽龙牙花需每年春季换盆，并进行修剪整形，剪除枯枝和短截长枝。生长期每半月施肥 1 次，花期增施 1~2 次磷、钾肥，盛夏要保持盆土湿润。冬季对于老株适当截干更新，促进重发新枝。露地栽培时，每年冬季开沟施肥，天气干旱时灌水，保持土壤湿润。龙牙花主要病害有枯萎病、炭疽病和根腐病，可用波尔多液喷洒 2~3 次，或用 50%退菌特可湿性粉剂 1000 倍液喷洒；主要虫害有根瘤线虫，用 80%二溴氯丙烷乳油稀释浇灌。枯萎枝要及时整修，有利于翌春新枝萌发。

24. 紫薇

Lagerstroemia indica L. ；千屈菜科紫薇属

管护技术：紫薇管理粗放，要及时剪除枯枝、病虫枝，并烧毁。为了延长花期，应适时剪去已开过花的枝条，使之重新萌芽，长出下一轮花枝。为培养粗枝，可以大量剪去花枝，集中营养培养树干。实践证明：管理适当，紫薇一年中经多次修剪可开花多次，长达 100~120 天。紫薇喜阳光，生长季节必须置室外阳光充足处。春冬两季应保持盆土湿润，夏秋季节每天早晚要浇水一次，干旱高温时每天可适当增加浇水次数，以河水、井水、雨水以及贮存 2~3 天的自来水浇施。春夏生长旺季需多施肥，入秋后少施肥，冬季进入休眠期可不施肥。雨天和夏季高温的中午不要施肥，施肥浓度以"薄肥勤施"为原则，在立春至立秋每隔 10 天施一次，立秋后每半月追施一次，立冬后停肥。

25. 含笑

Michelia figo（Lour.）Spreng. ；木兰科含笑属

管护技术：平时要保持盆土湿润，但绝不宜过湿。生长期和开花前需较多水分，每天浇水一次，夏季高温天气须往叶面喷水，以保持一定空气湿度。秋季、冬季因日照偏短每周浇水 1~2 次即可。含笑喜肥，多用腐熟饼肥、骨粉、鸡鸭粪和鱼肚肠等沤肥掺水施用，在生长季节（4~9 月）每隔 15 天左右施一次肥，开花期和 10 月以后停止施肥。若发现叶色不明亮、不浓绿，可施一次矾肥水。秋末霜前移入温室，在 10℃左右温度下越冬。含笑的常见病害有叶枯病、炭疽病、藻斑病、煤污病等，这些病均危害叶片，不利于含笑生长。发生病害时，应立即摘除病叶并烧毁，然后喷洒相应的药剂防止蔓延。

26. 木芙蓉

Hibiscus mutabilis L.；锦葵科木槿属

管护技术：木芙蓉在春季萌芽期需满足其水分需求，特别是在北方旱季，需经常灌水。随着气温的降低，入秋后适量减少水分，一般在花蕾透色时应适当控水，以控制其叶片生长，使养分集中在花朵上。采用盆栽的木芙蓉宜选用较大的瓷盆或素烧盆，盆土要求疏松肥沃、排水透气性好，生长季节要有足够的水分。冬季移至背风向阳处即可保证其充分休眠。木芙蓉性畏寒，喜阳光，寒冷地区应选被风向阳处栽植。盛夏宜略加遮阴。秋季孕蕾开花期需充足的光照。木芙蓉常发生的虫害有蚜虫、红蜘蛛、盾蚧等。尤其高温季节，干旱、通风不良时最易发生。除及时进行喷药防治外，还应对植株及时进行必要的疏剪。

27. 扶桑

Hibiscus rosa-sinensis L.；锦葵科木槿属

管护技术：阳性树种，5 月初要移到室外放在阳光充足处，此时也是扶桑的生长季节，要加强肥水、松土、拔草等管理工作。每隔 7~10 天施一次稀薄液肥，浇水应视盆土干湿情况，过干或过湿都会影响开花。10 月底天凉后，移入温室，温度保持在 12℃以上，秋后管理要谨慎，要注意后期少施肥，以免抽发秋梢。在霜降后至立冬前必须移入室内保暖。越冬温度要求不低于 5℃，以免遭受冻害；且不高于15℃，以免影响休眠。主要病害有叶斑病、茎腐病、根结线虫病等。

28. 木槿

Hibiscus syriacus L.；锦葵科木槿属

管护技术：当枝条开始萌动时，应及时追肥，以速效肥为主，促进营养生长；现蕾前追施 1~2 次磷、钾肥，促进植株孕蕾；5~10 月盛花期间结合除草、培土进行追肥 2 次，以磷、钾肥为主，辅以氮肥，以保持花量及树势；冬季休眠期间进行除草清园，在植株周围开沟或挖穴施肥，以农家肥为主，辅以适量无机复合肥，以供应翌年生长及开花所需养分。长期干旱无雨天气，应注意灌溉，而雨水过多时要排水防涝。新栽植的木槿植株较小，在前 1~2 年可放任其生长或进行轻修剪，即在秋冬季将枯枝、病虫弱枝、衰退枝剪去。树体长大后，应对木槿植株进行整形修剪。整形修剪宜在秋季落叶后进行。根据木槿枝条开张程度不同可分为直立型和开张型。木槿生长期间病虫害较少，病害主要有炭疽病、叶枯病、白粉病等，虫害主要有红蜘蛛、蚜虫、蓑蛾、夜蛾、天牛等。病虫害发生时，可剪除病虫枝，选用安全、高效低毒农药喷雾防治或诱杀。应注意早期防治，避免在开花采收期施药，保证采收的木槿花不受农药污染。

29. 米仔兰

Aglaia odorata Lour.；楝科米仔兰属

管护技术：夏季气温高时，除每天浇灌 1~2 次水外，还要经常用清水喷洗枝叶并向地面洒水，提高空气湿度。同时，施肥也要适当。由于米仔兰一年内开花次数较多，所以每开过一次花之后，都应及时追施 2~3 次充分腐熟的稀薄液肥，这样才能开花不绝，香气浓郁。米仔兰喜酸性土，盆栽宜选用以腐叶土为主的培养土。生长旺盛期，每周喷施 1 次 0.2%硫酸亚铁溶液。盆栽米仔兰幼苗注意遮阴，切忌强光暴晒，待幼苗长出新叶后，每两周施肥 1 次，但浇水量必须控制，不宜过湿。除盛夏中午遮阴以外，应多见阳光，这样米仔兰不仅开花次数多，而且香味浓郁。长江以北地区冬季必须搬入室内养护。常见的有叶斑病、炭疽病和煤污病危害，可用 70%甲基硫菌灵可湿性粉剂 1000 倍液喷洒。虫害有螨、蚜虫和介壳虫危害。螨、蚜虫可用蚜螨杀、蚜克死、蚜螨净等药物进行灭杀；介壳虫可用吡虫啉类杀虫剂进行灭杀。

30. 叶子花

Bougainvillea spectabilis Willd.；紫茉莉科叶子花属

管护技术：叶子花为喜光植物，生长期都要放在阳光充足的地方。

冬季霜降前要搬入温室内,温度保持 10~15℃,置于向阳处,最低温度不低于3℃。谷雨前后搬出温室,放在通风、向阳处养护。叶子花喜水但忌积水,每年栽植或上盆、换盆后浇1次透水,生长旺季每天上午喷水1次、下午浇水1次(下午4时以后浇)。春、秋季可酌情2天浇1次水,冬季在室内可控制浇水,促使植株充分休眠。一般不干不浇。施肥量也随季节而不同。冬季停止施肥。生长期每周需施氮肥1次,花期增施磷肥2~3次。夏季供水不足或冬季浇水过量,易造成植株落叶,所以浇水一定要做到适时、适量。花后浇水要减少。

31. 连翘

Forsythia suspensa (Thunb.) Vahl;木犀科连翘属

管护技术:苗期要经常松土除草,定植后于每年冬季在连翘树旁要中耕除草1次,植株周围的杂草可铲除或用手拔除。苗期勤施薄肥,也可在行间开沟;定植后,每年冬季结合松土除草施入腐熟厩肥、饼肥或土杂肥,用量为幼树每株2千克,结果树每株10千克,在连翘株旁挖穴或开沟施入,施后壅根培土,以促进幼树生长健壮,多开花结果。有条件的地方,春季开花前可增加施肥1次。同时于每年冬季,将枯枝、包叉枝、重叠枝、交叉枝、瘦弱枝以及徒长枝和病虫枝剪除。生长期还要适当进行疏删短截。对已经开花结果多年、开始衰老的结果枝群,也要进行短截或重剪(即剪去枝条的2/3),可促使剪口以下抽生壮枝,恢复树势,提高结果率。

32. 迎春花

Jasminum nudiflorum Lindl.;木犀科素馨属

管护技术:刚栽种或刚换盆的迎春花,先浇透水,置于荫蔽处10天左右,再放到半阴半阳处养护1周,然后放置阳光充足、通风良好、比较湿润的地方养护。冬天,南方只要把种迎春花的盆钵埋入背风向阳处的土中即可安全越冬,在北方应于初冬移入低温(5℃左右)室内越冬。欲令迎春花提前开花,可适时移入中温或高温向阳室内,如放置13℃左右室内向阳处,每日向枝干、叶喷清水1~2次,20天左右即可开花；如置于 20℃ 左右室内向阳处，10 天左右就可开花。开花后，室温保持在 8℃ 左右，并注意不要让风对其直吹，可延长花期。花开后，室温越高，花凋谢越快。主要病害有花叶病、褐斑病、灰霉病、叶斑病，应及时清除病叶、病株，以减少传染源。在适当时期选择合适的药剂防治。

33. 茉莉花

Jasminum sambac（L.）Aiton；木犀科素馨属

管护技术：茉莉花喜湿润，不耐旱，怕积水，喜透气，因此要合理适时浇水。要根据植株生长需求适时施肥（包括根肥和叶面肥），当年不再换盆。喷施新高脂膜，可大大提高肥料的有效成分利用率，不怕太阳暴晒蒸发，能调节水肥的吸收量，促植株尽快发育成型。茉莉花主要虫害有卷叶蛾和红蜘蛛，危害顶梢嫩叶，要注意及时防治。清除枯枝落叶，集中烧毁，可以减少部分越冬基数，保护和利用天敌。常用药剂及浓度有 25% 三唑锡可湿性粉剂 1000~2000 倍、50% 溴螨酯乳油 2000~3000 倍液、20% 甲脒乳油 1000~2000 倍液、20% 三氯杀螨醇 1000~1500 倍液、5% 卡死克乳油 500~1000 倍液、50% 敌敌畏乳油 1000 倍液、40% 氧化乐果 1000 倍液。注意以上药剂不能与波尔多液等碱性农药混用。

34. 小叶女贞

Ligustrum quihoui Carr.；木犀科女贞属

管护技术：小叶女贞病虫害较少，主要虫害是天牛。其防治方法有：春季若看到鲜虫粪，用注射器将 80% 敌敌畏乳油注入虫孔内，并用黄泥将虫孔封死；7 月人工捕杀天牛成虫；每盆小叶女贞盆景土中埋入 3~4 粒樟脑丸便可控制虫害。

35. 桂花

Osmanthus fragrans（Thunb.）Lour.；木犀科木犀属

管护技术：在黄河流域以南地区可露地栽培越冬。盆栽应冬季搬入室内。地栽前，树穴内应先搀入草本灰及有机肥料，栽后浇 1 次透水。新枝发出前保持土壤湿润，切勿浇肥水。一般春季施 1 次氮肥，夏季施 1 次磷、钾肥，使花繁叶茂，入冬前施 1 次越冬有机肥，以腐熟的饼肥、厩肥为主。忌浓肥，尤其忌人粪尿。盆栽桂花在北方冬季应入低温温室，在室内注意通风透光，少浇水。4 月出温室后，可适当增加水量，生长旺季可浇适量的淡肥水，花开季节肥水可略浓些。修剪因树而定，根据树姿将大框架定好，将萌蘗条、过密枝、徒长枝、交叉枝、病弱枝去除，使通风透光。对树势上强下弱者，可将上部枝条短截 1/3，使整体树势强健，同时在修剪口涂抹愈伤防腐膜保护伤口。

36. 暴马丁香

Syringa reticulata（Blume）Hara var. *amurensis*（Rupr.）Pringle ；木犀科丁香属

管护技术：暴马丁香栽植后要加强抚育管理，一般前 3 年要进行 9 次抚育。育苗当年 5 月中旬要进行全面的除草，随后的几个月内还要进行多次的趟地、清理杂草。由于出土后的幼苗生命力比较弱，所以喷洒多菌灵 1000 倍液 1 次，可以预防立枯病。每年的 6 ~ 8 月也应及时进行疏松土壤、清除杂草、浇水等田间管理，保持无杂草状态，要使土壤疏松、湿润，以利于幼苗发育生长。一般 4 月中下旬进行幼苗换床，株距要达到 6 厘米，行距 10 厘米左右，密度达到 160 株/平方米。换床后要充分浇灌，6 月上旬施尿素约 10 千克/亩，以便促进苗木的生长，8 月下旬叶面喷施 0.1% 的磷酸二氢钾肥料，促使苗木木质化。危害暴马丁香的病害有细菌或真菌性病害，如凋萎病、叶枯病、萎蔫病等，另外还有病毒引起的病害。一般病害多发生在夏季高温高湿时期。害虫有毛虫、刺蛾、潜叶蛾、大胡蜂及介壳虫等，可用 40% 乐果 1500 倍液喷雾杀之。

37. 紫丁香

Syringa oblata Lindl. ；木犀科丁香属

管护技术：①浇水：灌溉可依地区不同而有别，华北地区，4 ~ 6

月是紫丁香生长旺盛并开花的季节，每月浇 2~3 次透水，7 月以后进入雨季，则注意排水防涝，到 11 月中旬入冬前要灌足水，每次浇水后要松土保墒。

②施肥：一般不施肥或仅施少量肥，切忌施肥过多，否则会引起徒长，从而影响花芽形成，使开花减少。但在花后应施些磷、钾肥及氮肥。

③修剪：注意修剪枯弱病枝、分枝及萌蘖枝，以保证冠形端正，通风透光，调节树势，但忌过度修剪侧枝。

④病虫害防治：危害紫丁香的病害有细菌或真菌性病害，如凋萎病、叶枯病、萎蔫病等，另外还有病毒引起的病害。一般病害多发生在夏季高温高湿时期。害虫有毛虫、刺蛾、潜叶蛾、大胡蜂及介壳虫等，可用 40% 乐果 1500 倍液喷雾杀之。

38. 牡丹

Paeonia suffruticosa Andr.；毛茛科芍药属

管护技术：①浇水。栽植后浇一次透水。牡丹忌积水，生长季节酌情浇水。北方干旱地区一般浇花前水、花后水、封冻水。盆栽为便于管理可于花开后剪去残花连盆埋入地下。

②施肥。栽植一年后，秋季可进行施肥，以腐熟有机肥料为主。结合松土、撒施、穴施均可。春、夏季多用化学肥料，结合浇水施花前肥、花后肥。盆栽可结合浇水施液体肥。

③中耕。生长季节应及时中耕，拔除杂草，注意病虫发生。秋冬，对 2 年以上的牡丹田块实施翻耕。

④换盆。当盆栽牡丹生长 3~4 年后，需在秋季换入加有新肥土的大盆或分株另栽。

⑤喷药。早春发芽前喷石硫合剂，夏季用杀虫杀菌剂混合液，视病情每两周一次。结合施肥，可添加化学肥料及生长调节剂等。

⑥催花。为增加节日或庆典活动氛围，按品种可提前 50 天左右将牡丹加温，温度控制在 10~25℃，日均 15℃ 左右。前期注意保持植株湿润，现蕾后注意通风透光，成蕾后按花期要求进行控温。平时要进

行叶面施肥，保证充足水分供应。这样，冬春两季随时都能见花。

⑦观赏。单株牡丹自然花期 10~15 天，随温度升高而缩短，3~8℃可维持月余。大田栽植可采取临时搭棚遮风避光，延长观赏时间；盆栽时应移至阳光不能直射的地方，温度 5~10℃、通风透光的环境，视长势及盆土湿润程度适时浇水，花朵上不要淋水，这样花期最长；需插花时的剪切，伤口应在水中剪切或灼伤为好。插花用水应放入保鲜剂或加少许白糖，以延长插花的花开时间。

39. 海桐

Pittosporum tobira（Thunb.）Ait.；海桐花科海桐花属

管护技术：海桐较抗旱。夏季消耗大量水分，应经常浇水；冬季如所处温度较低，则浇水量应相应减少。空气湿度应在 50%左右。要求肥沃土壤。生长季节每月施 1~2 次肥，平时则不需施肥。幼株每年换一次盆，成年植株每 2~3 年换一次盆。盆土用 1/3 腐殖土加 2/3 黏土或壤土混合配制。海桐萌芽力强，耐修剪。可于每年春季修剪成各种形状。海桐栽培容易，无需特殊管理。露地移植一般在 3 月进行。如秋季种植，应在 10 月前后。吹绵蚧是海桐的主要害虫之一。防治技术主要包括：营林时清除田间虫害株和修剪有虫枝条，及时带出田外进行烧毁；保护、引放澳洲瓢虫，大、小红瓢虫；休眠期喷施 1~3 波美度石硫合剂；若虫孵化期可用 40%氧化乐果乳油 1000 倍液加 10%吡啉可湿性粉剂 1500 倍液；成虫发生时使用狂杀蚧 800~1000 倍液或40%扑杀磷乳油 1500 倍液均匀喷雾。喷药时加入适量柴油可增加其渗透性，同时要求药液一定要喷透、喷匀。狂杀蚧对介壳虫特效。

40. 紫竹

Phyllostachys nigra（Lodd. ex Lindl.）Munro；禾本科刚竹属

管护技术：种竹要深挖穴，浅栽，务使鞭根舒展。不强求竹竿直立，竹下部垫土密接，分次回土踏实，浇足定根水，设置支架。初期抚育着重除草松土、施肥、灌溉，成林后进行护笋养竹、间伐及病虫害防治。主要病害有毛竹丛枝病、梢枯病、秆茎腐病、竹黑痣病等，主要虫害有竹织叶野螟、竹笋夜蛾、竹斑蛾、竹巢粉蚊、黄脊竹蝗等，主要通过喷洒多菌灵等药剂防治。

41. 石榴

Punica granatum L.；石榴科石榴属

管护技术：秋季落叶后至翌年春季萌芽前均可栽植或换盆。地栽应选向阳、背风、略高的地方，土壤要疏松、肥沃、排水良好。栽植时要带土团，地上部分适当短截修剪，栽后浇透水，放背阴处养护，待发芽成活后移至通风、阳光充足的地方。虫害防治主要应着重于坐果前后两个时期，前期防虫，后期防病害。石榴树从4月底到5月上、中旬易发生刺蛾、蚜虫、椿象、介壳虫、斜纹夜蛾等害虫。坐果后，病害主要有白腐病、黑痘病、炭疽病。坐果前用33%水灭氯乳油12毫升（1支），稀释1500倍，喷施在石榴树正反叶面上。石榴树夏季要及时修剪，以改善通风透光条件，减少病虫害发生。坐果后，病害主要有白腐病、黑痘病、炭疽病。每半个月左右喷一次等量式波尔多液稀释200倍液，可预防多种病害发生。病害严重时可喷退菌特、代森锰锌、多菌灵等杀菌剂。

42. 山桃

Prunus davidiana Franch.；蔷薇科桃属

管护技术：宜种植在阳光充足、土壤沙质的地方。每年松土除草1~2次。主要病虫害有中华鼢鼠、蚜虫、叶肿病、穿孔病、流胶病等。首先应做好预防工作，在秋冬季消除树干上干缩的果实和地下落果，剪除病枝、病叶、虫卵并清除地上的病枝叶，集中烧毁，消灭病虫源；在春季萌芽前喷3次石硫合剂，展叶期喷1~2次波尔多液，或者在开花期进行地面喷施50%辛硫磷乳油300倍液。

43. 榆叶梅

Amygdalus triloba Ricker；蔷薇科桃属

管护技术：对于盆栽的植株，除了在上盆时添加有机肥料外，在平时的养护过程中，还要进行适当的肥水管理。春、夏、秋这三个季节是它的生长旺季，肥水管理按照"花宝"—清水—"花宝"—清水顺序循环，间隔周期1～4天，晴天或高温期间隔周期短些，阴雨天或低温期间隔周期长些或者不浇。冬季休眠期，间隔周期3～7天，晴天或高温期间隔周期短些，阴雨天或低温期间隔周期长些或者不浇。对于地栽的植株，春夏两季根据干旱情况，施用2～4次肥水：先在根颈部以外30～100厘米开一圈小沟（植株越大，则离根颈部越远），沟宽、深都为20厘米。沟内撒入25～50克有机肥，或者50～250克颗粒复合肥（化肥），然后浇上透水。入冬以后、开春以前，照上述方法再施肥一次，但不用浇水。

44. 杏

Armeniaca vulgaris Lam.；蔷薇科杏属

管护技术： 入冬到发芽前，清除果园内的枯枝、落叶，剪除掉病枝，集中烧毁，刮除老树皮，清除越冬病虫源，减少病虫基数。开花前用5波美度石硫合剂喷枝干，防治杏疮痂病、黑斑病、球坚蚧和其他越冬虫卵。3月中旬至4月上旬是杏象甲出土上树危害期，利用其假死性，清晨摇树，人工捕杀，并清除虫果，及时喷20%速扑杀2000倍液和50%多菌灵600倍液混合液。防治杏象甲和杏疮痂病、黑斑病、穿孔病，也可采用其他杀虫、杀菌剂混用。4月中旬喷40%菊马乳油1000倍液和速克灵200倍液，可防治杏疮痂病、黑斑病、穿孔病及桃蚜。6月中旬用灭扫利2000～3000倍液、速扑杀1000倍液和多霉清1500倍液防治红蜘蛛、蚧类、黑斑病、穿孔病等病虫，并人工捕杀红颈天牛成虫。7月中下旬，人工捕杀群集而未分散的舟形毛虫，或及时喷速灭杀丁2000倍液进行防治。如杏树已发生杏褐腐病、杏疮痂病，可用药剂防治。

45. 毛樱桃

Cerasus tomentosa（Thunb.）Wall.；蔷薇科樱属

管护技术： 毛樱桃耐瘠薄、耐旱，但肥水条件改善后产量、质量提高明显。一般大穴定植，穴不小于50厘米×50厘米，株施有机肥20千克栽植，以后每年于雨季、秋季进行扩穴深翻施肥，深度30~50厘米，深翻时清除多余根蘖及近地表根系，以利于集中营养，促进根系深广。主要病虫害有桃红颈天牛、桑白蚧、蚜虫、红蜘蛛。

①桃红颈天牛。于7月上旬成虫出现期，正午到树干茎部捕捉群集成虫。3~4月以敌敌畏、溴氰菊酯原药注入新虫孔并以泥封闭杀死幼虫。

②桑白蚧。冬季以硬毛刷刮刷虫体。5月中下旬若虫分散转移期，喷施0.5%柴油乳剂。

③蚜虫、红蜘蛛。发生期喷施灭扫利、氯氰菊酯等。

46. 木瓜

Chaenomeles sinensis（Thouin）Koehne；蔷薇科木瓜属

管护技术：常见的抚育管理有施肥、修剪、除草等。结果前按抽梢次数，淋粪水或埋猪牛粪。一般一年施3次，每次都在抽梢前10天施下，每株每次淋粪水5~15千克或埋猪牛粪10~25千克。春季修剪一般在2月中下旬至3月上旬进行，其方法是对已进入结果期的树进行疏剪和短截。夏季主要是摘心、抹芽、疏幼果。此项工作在生长期要经常进行，以利于结果的产量和质量。炭疽病传统防治除冬季修剪病枝、清除僵果病叶并集中烧毁的农业防治外，还采用在冬季喷施3~5波美度石硫合剂、4月底喷70%甲基硫菌灵1000倍液（每隔10天喷1次）、5月底至6月初喷75%百菌清500倍液2次以上。灰霉病防治：苗木出土后，用1:0.5:200波尔多液每周喷洒1次，连用2~3周；或用70%甲基硫菌灵1500倍液每10天1次，喷2~3次。发病期间用65%代森锌可湿性粉剂或50%苯菌灵防治。

47. 贴梗海棠（皱皮木瓜）

Chaenomeles speciosa（Sweet）Nakai；蔷薇科木瓜属

管护技术：贴梗海棠施肥要以施磷、钾肥为多，要与松土锄草结合进行，春季按10千克/株施堆肥，秋季施肥按15千克/株施水粪土或草木灰。成龄后，要保证丰收必须修剪。需要防治的主要病害是叶枯病，对叶子的危害为主，有多角形黑褐色病斑出现在受害叶片上。凡是在绿叶期间都可发生这一病害，而尤其严重的在 7~8 月。防治措施包括把枯枝落叶清除并集中烧掉、以 1∶1∶100 波尔多液喷雾于叶子上。害虫主要是天牛、蚜虫，蛀食树干、叶等，防治可用乐果乳剂1500 倍液。

48. 平枝枸子

Cotoneaster horizontalis Decne；蔷薇科枸子属

管护技术：栽植第一年对水分的要求较高，栽后马上浇头水，5天后浇二水，再过 7 天浇三水，此后视土壤墒情浇水，每次浇水后应及时松土保墒。夏季雨天应及时排除积水，防止大水烂根，秋末要浇足、浇透防冻水，翌年早春要浇解冻水。常见病害有煤污病、白粉病，可在发病前喷施保护性药剂，如 80%代森锰锌可湿性粉剂 700~800 倍液或 75%百菌清 500 倍液进行防治。发病期及时喷洒 25%苯菌灵乳油900 倍液或 50%退菌特 800~1000 倍液。虫害有红蜘蛛、蚜虫和介壳虫。发生时可用 15%哒螨灵乳油 2500~3000 倍液或 5%尼索朗乳油2500~3000 倍液进行防治。

49. 水枸子

Cotoneaster multiflorus Bunge；蔷薇科枸子属

管护技术：追肥应在种子萌生 3~4 片真叶时，于阴天或早晚进行。根外追施氮肥，一般 90 千克/公顷，追肥间隔 10~15 天，做到少量多次，可清洗幼苗叶面的化肥和泥沙后清水漫灌，也可用喷施宝或磷酸二氢钾进行叶面追肥，效果更佳，8 月中旬停止追肥进行炼苗，保证苗木安全越冬。水枸子的病虫害主要有蚜虫、红蜘蛛。生长期要注意防治蚜虫、红蜘蛛。可用 40%氧化乐果乳油配制成浓度为0.125%的溶液，或用 5%高效顺反氯氢菊酯乳油，配制成浓度为0.056%~0.067%的溶液，在 4 月上旬喷洒，效果很好。

50. 山楂

Crataegus pinnatifida Bunge；蔷薇科山楂属

管护技术：深翻熟化、改良土壤，翻耕园地或深刨树盘内的土壤，是保蓄水分、消灭杂草、疏松土壤、提高土壤通透性能，进而改善土壤肥力状况，促使根系生长的有效措施。防治红蜘蛛和桃蛀螟，在5月上旬至6月上旬喷布灭扫利2500倍液。防治桃小食心虫，在6月中旬树盘喷对硫磷乳油100~150倍液，杀死越冬代食心虫幼虫，7月初和8月上中旬树上喷布对硫磷乳油1500倍液，消灭食心虫的卵及初入果的幼虫。防治轮纹病，在谢花后1周喷80%多菌灵800倍液，以后在6月中旬、7月下旬、8月上中旬各喷1次杀菌剂。对白粉病发病较重的山楂园在发芽前喷1次5波美度石硫合剂，花蕾期、6月各喷1次50%可湿性多菌灵或50%可湿性硫菌灵600倍液。

51. 棣棠

Kerria japonica（L.）DC.；蔷薇科棣棠属

管护技术：5~6月中耕除草，一般不需要经常浇水，盆栽要在午后浇饼肥水，不宜多浇。当发现有枝条由上而下渐次枯死，立即剪掉枯死枝，否则蔓延到根部，导致全株死亡。

棣棠黄叶病是棣棠的常见病和多发病，在北方土壤偏碱性的地区常有发生。防治方法包括：选择适宜的栽植地，土壤以轻酸性或中性壤土为好；发病初期可用硫酸亚铁溶液200倍液进行灌根，并用0.5%硫酸亚铁溶液进行喷雾，每10天1次，连续浇灌和喷雾3~4次，可明显改善症状；多施用腐叶肥、牛马粪等有机肥，提高土壤的通透性。

褐斑病防治方法包括：用75%百菌清可湿性颗粒剂800倍液或70%代森锰锌可湿性颗粒剂400倍液或50%敌菌灵可湿性颗粒剂500倍液喷雾，每11天1次，连续喷3~4次可有效控制住病情；加强修剪，使植株始终保持在通风透光状态；发病期禁止喷灌，降低病害发展速度。

52. 火棘

Pyracantha fortuneana（Maxim.）Li；蔷薇科火棘属

管护技术：每年 11~12 月施 1 次基肥，在距根颈 80 厘米沿树挖 4~6 个放射状施肥沟，深 30 厘米，每沟施有机肥 3~5 千克，花前和坐果期各追施尿素 1 次，每株施 0.25 千克。分别在开花前后和夏初各灌水 1 次，有利于火棘的生长发育。冬季干冷气候地区，进入休眠期前应灌 1 次封冬水。为促进生长和结果，应整形修剪。年修剪量以花枝量为准，叶和花序比为 70∶1 为佳。主要病害为火棘白粉病，应注意防治。

53. 月季

Rosa chinensis Jacq.；蔷薇科蔷薇属

管护技术：盆栽月季不干不浇水，浇则浇透。夏季天气炎热，蒸发量大，盆栽浇水量应多些，尤其是傍晚一次应当浇足。盛夏季节一般不追肥，只对生长健壮的植株采取薄肥勤施，每周 1~2 次，可在雨前、雨后洒施尿素，在新梢发红时不宜施肥，此时施肥导致幼根受伤，使植株萎蔫或停止生长，故因特别注意。月季还要进行中期修剪，主要是剪除嫁接苗砧木的萌蘖枝，花后带叶剪除残花和疏除多余花蕾，第一茬花后将细弱的花枝从基部剪去，其余粗壮的花枝，则从残花下 2~3 片叶下剪去，第二茬花仍可采取疏弱枝、留强枝、壮芽的方法修剪。病虫害防治：白粉病可用粉锈宁 600 倍液或退菌特 400 倍液。黑斑病可用 0.10~0.20 波美度的石硫合剂、50% 的多菌灵可湿性粉剂 500~1000 倍液喷洒叶面。

54. 多花蔷薇

Rosa multiflora Thunb.；蔷薇科蔷薇属

管护技术：主要病害有白粉病和黑斑病，可用 70% 甲基硫菌灵可湿性粉剂 1000 倍液喷洒。虫害有蚜虫、刺蛾危害，用 10% 除虫精乳油 2000 倍液喷杀。

55. 玫瑰

Rosa rugosa Thunb. ; 蔷薇科蔷薇属

管护技术：定植缓苗后及时中耕松土，并防治红蜘蛛、蚜虫、白粉病。地表见干时应及时浇水，保持地面湿润。白粉病用腈菌唑 600 倍液、百菌清 800 倍液等药剂防治。每 7～10 天喷 1 次药，且时常喷水于叶片可以有效降低白粉病的发生。尽快地剪去发病枝叶，以减少再传播的机会。霜霉病初次发病及时喷洒 72% 克露等。蚜虫防治通过喷施多种杀虫剂，都有较好防治效果。重点喷药部位是生长点和叶片背面。常用的药剂为蚜虱净等，还可用敌敌畏熏蒸，效果更好，但成花后不能使用。红蜘蛛发生初期，可用螨即死 600 倍液喷雾，或用锐螨净 1000～1500 倍液喷雾防治，效果好。

56. 黄刺玫

Rosa xanthina Lindl. ; 蔷薇科蔷薇属

管护技术：黄刺玫栽培容易，管理粗放，一般在 3 月下旬至 4 月初栽植。需带土球栽植。栽后重剪，浇透水，隔 3 天左右再浇 1 次，便可成活。花后要进行修剪，去掉残花及枯枝，以减少养分消耗。落叶后或萌芽前结合分株进行修剪，剪除老枝、枯枝及过密细弱枝，使其生长旺盛。对 1～2 年生枝应尽量少短剪，以免减少花数。病虫害少，黄刺玫白粉病通过增施磷、钾肥，控制氮肥以及在发病初期喷洒 50% 多菌灵可湿性粉剂 800 倍液，发芽前喷洒 3～4 波美度石硫合剂防治。

57. 珍珠梅

Sorbaria sorbifolia（L.）A. Br. ; 蔷薇科珍珠梅属

管护技术：珍珠梅适应性强，对肥料要求不高，除新栽植株需施少量基肥外，以后不需再施肥，但需浇水。一般在叶芽萌动至开花期间浇 2～3 次透水，立秋后至霜冻前浇 2～3 次水，其中包括 1 次防冻水，夏季视干旱情况浇水，雨多时不必浇水。秋后或春初还应剪除病虫枝和老弱枝，对 1 年生枝条可进行强修剪，促使枝条更新与花繁叶茂。珍珠梅的主要病害有叶斑病、白粉病、褐斑病，主要预防的虫害有金龟子、斑叶蜡蝉等。叶斑病通过喷洒 50%硫菌灵 500~800 倍液防治。白粉病防治，通过深秋时清除病残植株减少病菌来源，剪除受害部分或拔除病株烧毁和休眠期喷洒等量式 1%波尔多液，发病初期喷洒 70%甲基硫菌灵 800 倍液或 50%代森铵 800~1000 倍液。褐斑病防治，可 7~9 月喷洒 65%代森锌可湿性粉剂 600 倍液或 70%代森锰锌可湿性粉剂 500 倍液、25%苯菌灵乳 12%绿乳铜乳油 600 倍液，秋末初冬收集病叶集中烧毁，以减少翌年菌源。金龟子防治，在成虫发生期喷洒 40%氧化乐果 1000 倍溶液，或 50%马拉松 1000 倍药液。斑叶蜡蝉可用 90%敌百虫 1000 倍液或 40%乐果乳剂 1200 倍液进行喷杀。

58. 珍珠绣线菊

Spiraea thunbergii Sieb. ex Bl.；蔷薇科绣线菊属

管护技术：栽植前施足基肥，一般施腐熟的粪肥，深翻树穴，花期施 2~3 次磷、钾肥，秋末施 1 次越冬肥，以腐熟的粪肥或厩肥为好，冬季停止施肥，减少浇水量。珍珠绣线菊的病害主要以白粉病为主，发现病害应严格剔除沾染病株，杜绝病源，在发病期间喷施含铜制剂的杀菌药，效果较好。虫害主要以梨卷叶瘿蚊为主，可在幼虫脱叶前及时剪除被害叶，集中处理，可有效控制虫口密度。幼虫入土前或成虫羽化出土前向树冠下土表喷施 50%辛硫磷乳油 1000 倍液，也有较好的防效。

59. 栀子花

Gardenia jasminoides Ellis；茜草科栀子属

管护技术：栀子萌芽力强，容易枝杈重叠，密不通风，营养分散，应适时修剪。整形时应根据树形选留 3 个主枝，要求随时剪除根蘖萌出的其他枝条。花谢后枝条要及时截短，促使在剪口下萌发新枝。当新枝长出 3 节后进行摘心，以免盲目生长。栀子花经常容易发生叶子黄化病和叶斑病，叶斑病用 65%代森锌可湿性粉剂 600 倍液喷洒。虫害有刺蛾、介壳虫和粉虱危害，用2.5%敌杀死乳油3000倍液喷杀刺蛾，用40%氧化乐果乳油1500倍液喷杀介壳虫和粉虱。

60. 大花栀子

Gardenia jasminoides Ellis var. *grandiflora* Nakai.；茜草科栀子属

管护技术：每年春夏季各中耕、除草、追肥1次，施入人畜粪、厩肥、堆肥、饼肥等均可。夏季开花前施磷、钾含量较高的肥料，以免梢强压花。主要病害有褐斑病、炭疽病、煤污病、根腐病、黄化病等，严重时植株落叶、落果或枯死。在病害发生初期或发生期施用多菌灵、退菌特等可有效防治。主要虫害有蚜虫、龟蜡蚧和天蛾幼虫等，可用乐果、敌百虫、敌杀死等进行防治。

61. 枸橘

Poncirus trifoliata（L.）Raf.；芸香科枳属

管护技术：枸橘喜湿润环境，但怕积水，以防水大烂根，因根系较浅，遇高温天气应及时浇水，如缺水易导致叶片干枯。施肥可于春季萌芽时施1次三元素复合肥，坐果后应追施2~3次圈肥，间隔时间为20天左右。幼苗主要有地老虎危害，4月下旬是第一代地老虎危害严重时期，要勤观察，发现虫害及时用土蚕清喷洒，喷药时间最好在下午5时左右。秋后袋蛾危害严重，可用40%乐果乳油1000倍液喷洒，效果较好。

62. 接骨木

Sambucus williamsii Hance；忍冬科接骨木属

管护技术：每年春、秋季均可移苗，剪除柔弱、不和干枯的嫩梢。苗高13~17厘米时，进行第一次中耕除草、追肥，6月进行第二次。肥料以人畜粪水为主，移栽后2~3年，每年春季和夏季各中耕除草1次。生长期可施肥2~3次，对徒长枝适当截短，增加分枝。接骨木虽喜半阴环境，但长期生长在光照不足的条件下，枝条柔弱细长，开花疏散，树姿欠佳。接骨木常见溃疡病、叶斑病和白粉病危害，可用

65%代森锌可湿性粉1000倍液喷洒。虫害有透翅蛾、夜蛾和介壳虫危害，用50%杀螟松乳油1000倍液喷杀。

63. 文冠果

Xanthoceras sorbifolia Bunge.；无患子科文冠果属

管护技术：幼苗出土后，浇水量要适宜。苗木生长期，追肥2~3次，并松土除草。嫁接苗和根插苗容易产生根蘖芽，应及时抹除，以免消耗养分。接芽生长到15厘米时，应设支柱，以防风吹折断新梢。文冠果的主要病害为黄化病、霉污病、立枯病等。立枯病又分种腐型、猝倒型和根腐型，可在播前条施70%五氯硝基苯粉剂22.5~45千克/公顷或用0.2%（种子重量的）赛力散拌种进行预防。除此之外，还有根结线虫引起的黄化病，木虱引起的霉污病及黑绒金龟子等。加强苗期管理，及时中耕松土，剪除病株，换茬轮作，可减轻黄化病的发生。对于霉污病可在早春喷洒50%乐果乳油2000倍液毒杀越冬木虱，7天喷1次，连续喷3次即可控制木虱的发生。对黑绒金龟子可在5月下旬用50%杀螟松乳油0.1%溶液喷洒叶面，杀灭成虫。

64. 枸杞

Lycium chinense Mill.；茄科枸杞属

管护技术：在5~7月中耕除草1次，10月下旬至11月上旬施羊粪、厩肥、饼肥等作基肥。追肥可于5月施尿素和6~7月施磷钾复合肥。病害有枸杞黑果病，危害花蕾、花和青果。可在结果期用1∶1∶100波尔多液喷施，雨后立即喷50%退菌特可湿性粉剂600倍液，效果较好。根腐病防治可用50%硫菌灵1000~1500倍液或50%多菌灵1000~1500倍液浇注根部。虫害有枸杞实蝇，防治可在越冬成虫羽化时，在枸杞园地面撒50%西维因粉45千克/公顷，摘除蛆果深埋，秋冬季灌水或翻土杀死土内越冬蛹。枸杞负泥虫防治可在春季灌溉松土，破坏越冬场所，杀死虫源，4月中旬于枸杞园地面撒5%西维因粉（1千克兑细土5~7千克），杀死越冬成虫，或用敌百虫800~1000倍液防治。

65. 山茶

Camellia japonica L.；山茶科茶属

管护技术：生长期要置于半阴环境中，不宜接受过强的直射阳光。特别是夏、秋季要进行遮阴，或放树下疏荫处。冬季应置于室内阳光充足处，温度保持 3~5℃。山茶喜肥，一般在上盆或换盆时在盆底施足基肥，秋冬季因花芽发育快，应每周浇一次腐熟的淡液肥，并追施1~2 次磷、钾肥。氮肥过多易使花蕾焦枯，开花后可少施或不施肥。地栽山茶主要剪去干枯枝、病弱枝、交叉枝、过密枝、明显影响树形的枝条，以及疏去多余的花蕾。山茶主要病害有轮纹病、炭疽病、枯梢病、叶斑病、烟煤病等，主要防治药剂有退菌特 800 倍液、多菌灵500 倍液、百菌清 800 倍液、克霉灵 800 倍液，定期防治，花前要注意灰霉病、花枯病防治。山茶虫害以红蜘蛛、蚜虫、介壳虫、卷叶蛾、造桥虫为主，主要防治方法为用氯氰菊酯 15 毫升+水胺硫磷 20 毫升或久效磷 25 毫升兑 15 千克水喷雾。

66. 木绣球

Viburnum macrocephalum Fort.；忍冬科荚蒾属

管护技术：因全为不孕花、不结果实，故常扦插、压条、分株繁殖。扦插一般于秋季和早春进行。压条在春季当芽萌动时，将去年枝压埋土中，翌年春与母株分离移植。可播种繁殖，10 月采种，堆放后熟，洗净后置于 1~3℃低温下 30 天，秋天播种，翌年 6 月发芽可出土，搭棚遮阴，留床 1 年分栽，用于绿化需培育 4~5 年。木绣球叶片皮毛较多，一般不易受到虫害。但下表皮的角质化程度较低，有些病菌孢子在萌发时的分泌物能溶解这部分角质层，所以在梅雨季节，通常需喷波尔多液防治。

67. 天目琼花

Viburnum sargentii Koehne；忍冬科荚蒾属

管护技术：喜光又耐阴；耐寒，多生于夏凉湿润多雾的灌丛中；

对土壤要求不严，微酸性及中性土都能生长；引种时对空气相对湿度、半阴条件要求明显，幼苗须遮阴，成年苗植于林缘，生长发育正常。根系发达，移植容易成活。主要病害为叶枯病和叶斑病，发病时可用50%退菌特1000倍液喷洒。

68. 美国地锦

Parthenocissus quinquefolia Planch.；葡萄科爬山虎属

管护技术：美国地锦适应性强，既耐寒（在东北地区可露地越冬），又耐热（在广东亦生长良好）。耐贫瘠、干旱，耐阴、抗性强，栽培管理比较粗放。入冬后疏理枯枝，早春施以薄肥，可促进枝繁叶茂。为防蔓基过早光秃和有利于吸附，宜多行重剪。

69. 地锦

Parthenocissus tricuspidata（Sieb. et Zucc.）Planch.；葡萄科爬山虎属

管护技术：地锦幼苗生长一年后即可粗放管理，在北方冬季能忍耐-20℃的低温，不需要防寒保护。移植或定植在落叶期进行，定植前施入有机肥料作为基肥，并剪去过长茎蔓，浇足水，容易成活。定植后每年中耕除草3~4次，春季追施1次人粪尿或尿素等氮肥，秋、冬季施1次堆肥、厩肥等有机肥。每次施肥后结合培土。当藤蔓长到35~40厘米长时，搭棚架，引藤蔓攀缘。冬末春初，修剪密枝、病枝。

参考文献

安旭，陶联侦. 城市园林植物后期养护管理学——园林养护单位工作手册 [M].
　　杭州：浙江大学出版社，2013.

白埃堤，李锦文. 立体绿化美化——种苗培育实用技术 [M]. 太原：山西科学技
　　术出版社，2002.

陈进勇，朱莹，张佐双. 园林树木选择与栽植 [M]. 北京：化学工业出版
　　社，2011.

陈雅君，李永刚. 园林植物病虫害防治 [M]. 北京：化学工业出版社，2012.

官群智，彭重华. 城市园林绿化植物选择及应用 [M]. 北京：中国林业出版
　　社，2012.

郭学望，包满珠. 园林树木栽植养护学 [M]. 北京：中国林业出版社，2002.

韩阳，李雪梅，朱延姝，等. 环境污染与植物功能 [M]. 北京：化学工业出版
　　社，2005.

蒋永明，翁智林. 园林绿化树种手册 [M]. 上海：上海科学技术出版社，2006.

康燚德. 龙爪槐嫁接及注意事项 [J]. 北京农业，2013（27）：50.

李德芳. 银杏树的种植及管理 [J]. 内蒙古农业科技，2007（2）：115，117.

李合生. 现代植物生理学 [M]. 北京：高等教育出版社，2006.

李伟，孙国山，刘帆，等. 黄栌白粉病防治技术 [J]. 科技信息，2011
　　（25）：405.

刘海桑. 鼓浪屿古树名木 [M]. 北京：中国林业出版社，2013.

刘红霞. 园林植物病虫害防治 [M]. 北京：中央广播大学出版社，2006.

罗伟祥，刘广全，李嘉珏，等. 西北主要树种培育技术 [M]. 北京：中国林业出
　　版社，2007.

孟繁静. 植物生理学 [M]. 武汉：华中理工大学出版社，2000.

牛金伟，程晓娜，王晓丽. 皂荚优质丰产栽培技术 [J]. 现代农业科技，2009
　　（16）：167.

秦维亮. 北方园林植物病虫害防治手册 [M]. 北京：中国林业出版社，2011.

施海. 北京古树名木志 [M]. 北京：中国林业出版社，1989.

石宝京. 园林树木栽培学 [M]. 北京：中国建设出版社，2011.

宋小兵. 园林树木养护问答 240 例 [M]. 北京：中国林业出版社，2002.

孙正. 古树名木的生长环境特点分析 [J]. 农业与技术，2014，34（1）：75-76.

田富兵. 火炬树的繁殖与栽培管理 [M]. 北京：中国花卉园艺，2006.

田如男，祝遵凌. 园林树木栽培学 [M]. 南京：东南大学出版社，2011.

万会英. 绿植花卉病虫害防治 [M]. 北京：化学工业出版社，2009.

王凤英，张闯令，李绪选. 槐花球蚧生物学特性及防治方法研究初报 [J]. 辽宁林业科技，2007（4）：56-57.

王金国. 国槐播种育苗技术 [J]. 现代农村科技，2013（23）：39.

吴泽民. 园林树木栽培学 [M]. 北京：中国农业出版社，2003.

武维华. 植物生理学 [M]. 北京：科学出版社，2008.

徐树文，白埃堤. 山西省树木种质资源及区划 [M]. 北京：中国林业出版社，1999.

许兵，刘建海，池勤剑. 龙爪槐培育的关键技术 [J]. 南方农业（园林花卉版），2007（2）：60-61.

杨红卫，桂炳中，姜红. 华北地区盐碱地广玉兰栽培技术 [J]. 河北林业科技，2006（2）：52-54.

叶思群. 广东梅州银杏引种栽培技术 [J]. 广东林业科技，2010（3）：99-102，104.

叶要妹，包满珠. 园林树木栽植养护学 [M]. 3 版. 北京：中国林业出版社，2012.

张桂艳. 国槐在黄河下游的生物学表现及栽培技术 [J]. 中国农业信息，2012（18）：47，51.

张连生. 北方园林植物病虫害防治手册 [M]. 北京：中国林业出版社，2007.

张淑梅，卢颖. 园林植物病虫害防治 [M]. 北京：北京大学出版社，2007.

张秀英. 园林树木栽培养护学 [M]. 北京：高等教育出版社，2005.

张志翔. 树木学（北方本）[M]. 北京：中国林业出版社，2010.

赵和文. 园林树木选择・栽植・养护 [M]. 北京：化学工业出版社，2009.

赵怀谦，赵宏儒，杨志华. 园林植物病虫害防治手册 [M]. 北京：中国农业出版社，1995.

郑玉良. 龙爪槐的繁育与造型修剪方法 [J]. 特种经济动植物，2009（6）：27-28.

周兴元. 园林植物栽培 [M]. 北京：高等教育出版社，2006.

朱天辉. 园林植物病理学 [M]. 北京：中国农业出版社，2003.

卓丽环，陈龙清. 园林树木学 [M]. 北京：中国农业出版社，2004.

▲ 白桦树下的苔藓起到保护土壤的作用

▲ 柏树与白桦林下的草有利于护土

▲ 树下种草保护土壤

▲ 树下种植花草既护土又好看

▲ 覆盖土壤的树皮

▲ 树下护土

▲ 土壤覆盖

▲ 树下穴盘

▲ 保持白桦树干的原貌

▲ 保护城市森林中林下的天然更新

▲ 秋季丝棉木果实

▲ 秋天的红叶

▲ 常绿树种也可增加其他色彩，如蓝色叶的蓝粉云杉

▲ 促进栎树干形通直的方法

▲ 大树下设计座椅便于游人休息

桫椤
Cyathea Spinulosa

桫椤

为我国一级重点保护植物，至今已在地球上生存了一亿八千多万年，桫椤是一种树藤，即有茎秆的藤类，靠孢子繁殖，其生长需要良好的水分条件。她风姿绰约，亭亭玉立，是一种颇具潜力的园林观赏植物和药用植物。

Cyathea Spinulosa
As the first class state protection plant, it has existed for more than 180 million years in the world. Cyathea Spinulosa is a kind of timbo, i.e. rattan with stem. It reproduces by spores. Its growth needs a good water conditions. It is charming and slim and is a potential ornamental and medicinal plant.

▲ 对树木的详细介绍有利于保护

▲ 分不出室内还是室外，才是树木管理的最高境界

▲ 孤立树的树冠管理

▲古树死后树桩可支持藤本植物攀缘生长

▲管理到位的绿地

▲建设惬意的林中步道，不仅方便游人，
还有利于树木的维护

▲健康步道

▲接近自然的树木管理

▲ 近自然的绿地管护看不出是办公区域

▲ 林中漫步

▲ 看不出修剪的痕迹

▲ 林下种植耐阴性花草，起到防止杂草的作用

▲ 特色的树形

▲乔木与灌木、常绿树与彩叶树搭配形成较好的系统，可减少林下维护投入

▲片状树冠管理

▲适当密植有利于形成通直的树干

▲有特色的树叶

▲ 树冠管理

▲ 公园设立的观鸟点

▲ 竹子上的藤蔓应进行清理

▲ 树干管理

▲ 大树移植后的支撑

▲ 大树移栽后的维护

▲ 清除危险树枝

▲ 病虫害防治

▲ 树干缠防虫胶带

▲ 树干缠防虫胶带

▲ 树干涂白

▲ 树干涂白保护

▲ 工人给树干缠草绳

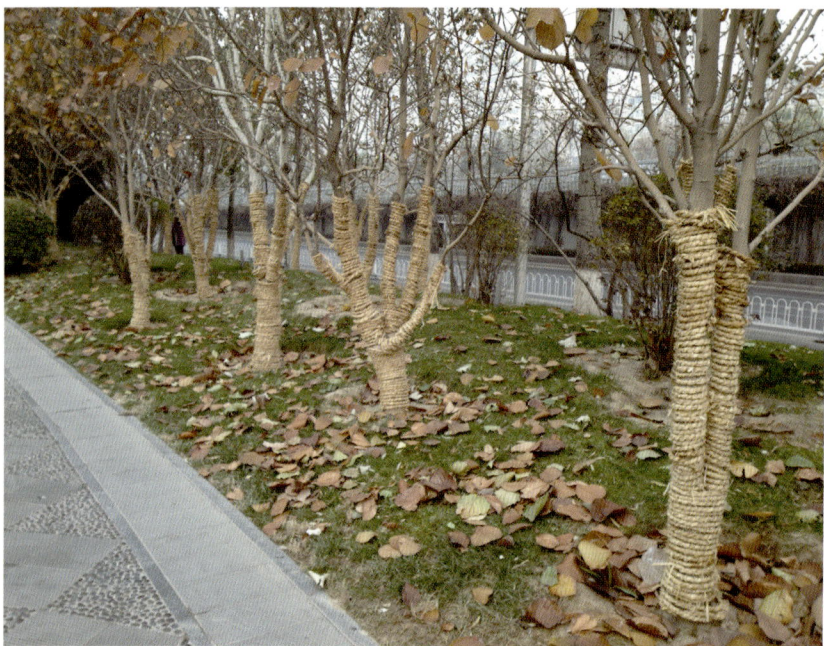

▲ 树干缠草绳越冬防寒

▲ 新栽树木越冬保护

▲ 灌木越冬包裹

▲ 设防风障

▲ 苫布越冬保护

▲ 苫布越冬保护

▲ 灌木越冬保护

▲ 灌木越冬保护

▲ 灌木越冬保护

▲ 为越冬竹子搭架子建防风障

▲ 越冬保护

▲ 对古树的扶持措施

▲ 对古树的扶持技术

▲ 给古树灌水

▲ 古树支撑保护

▲ 古树修复

▲ 虽达不到古树标准，但年龄较大的树，
也应建立档案进行适当保护